Agiles Führen

Aktuelle Methoden für moderne Führungskräfte

Dr. Jörg Preußig, Silke Sichart

2. Auflage

HAUFE.

Inhalt

Vorwort

Unsere Welt verändert sich immer schneller, sie wird unberechenbarer. Eine Entwicklung jagt die nächste, die Kunden werden anspruchsvoller. Wer in solchen Zeiten die Verantwortung für ein Team, eine Abteilung oder ein ganzes Unternehmen hat, führt am besten flexibel – oder eben agil.

Im agilen Führungsansatz steckt noch viel mehr als Flexibilität. Wer agil führt, führt seine Mitarbeiter zielorientiert, mit Wertschätzung und Vertrauen. Er oder sie motiviert und coacht, um Weiterentwicklung und Leistungsfähigkeit zu fördern. Klingt gut? Ist gut!

In diesem TaschenGuide erfahren Sie, was agiles Führen ausmacht und wie es funktioniert. Sie lesen, was es mit dem agilen Mindset auf sich hat, wie Sie und Ihr Team von den agilen Prinzipien und Werten profitieren und welche wichtige Rolle Kommunikation im agilen Führen spielt. Zudem geben wir Ihnen nützliche Checklisten und Tools an die Hand, die Ihnen bei der Umsetzung der agilen Prinzipien und Werte in die Praxis helfen.

Viel Spaß beim Lesen und wertvolle Erkenntnisse wünschen Ihnen

Silke Sichart und Jörg Preußig

Die Pfeiler des agilen Führens

In einer Welt voller Veränderungen, in einer Zeit, die geprägt ist von Ungewissheit und technischer Innovation, stehen Mitarbeiter und Führungskräfte vor vollkommen neuen Herausforderungen. Doch wie damit umgehen? Ein möglicher Lösungsweg ist Agilität.

In diesem Kapitel erfahren Sie u. a.,

- warum agiles Führen in unsere Zeit passt,
- welche Rolle das agile Mindset dabei spielt,
- auf welchen Prinzipien und Werten Agilität fußt.

Agil: viel mehr als nur ein Modewort

Alles scheint heute agil zu sein. Wenn ein Meeting besonders chaotisch war, dann war es agil. Wenn keiner sich an Prozesse und Strukturen hält, dann sagen Manager selbstironisch: »Wir arbeiten eben agil.« Methoden, die bereits seit Jahren in vielen Kontexten angewendet werden, werden nun mit dem Etikett »agil« versehen und sind plötzlich hip und im Trend. Viele lehnen das Agile und alles, was damit in Zusammenhang steht, aus eben diesem Grunde ab.

Was genau ist denn nun agil? Nach dem Duden ist agil gleichbedeutend mit regsam und wendig. Übertragen auf Prozesse und Projekte heißt agil demnach, schnell und flexibel auf Rahmenbedingungen zu reagieren, die sich ihrerseits ständig verändern. Im Businesskontext versteht man zusammengefasst unter Agilität die Reaktion auf Marktveränderungen mit dem Fokus auf Kundenzufriedenheit, Schnelligkeit und Anpassungsfähigkeit (vgl. beispielsweise Häusling, S. 30). Im Sinne des Agilen Manifests und der Methode Scrum – beides beleuchten wir in diesem TaschenGuide noch näher – bedeutet Agilität insbesondere die Fähigkeit, mit Anforderungsänderungen während eines laufenden Produktentwicklungsprozesses strukturiert umzugehen.

Und wie definieren wir agiles Führen? Es gibt unzählige Definitionen für Führung. Führungskonzepte und -stile spiegeln die Werte, Diskussionen und Herausforderungen der jeweiligen Zeit wider. Wir verstehen unter »agilem Führen« die bewusste und bestmögliche Einflussnahme einer Führungskraft auf ihre Mitarbeiter und Teams, um diese zur Zielerreichung und zu guten Lösungen zu bewegen. »Bestmöglich« bedeutet beim agilen Führen, die Mitarbeiter und Teams durch Motivieren, Moderieren, Coachen zu entwickeln und zu unterstützen.

> Was agiles Führen nicht ist: Schnell-schnell-Lösungen und eine Laissez-faire-Führungskultur, in der jeder macht, was er will.

Warum Agilität heute wichtig ist

Die Globalisierung, Innovationen und die Megatrends unserer Zeit wie beispielsweise die Digitalisierung beeinflussen unsere Arbeitswelt. Unser Arbeiten ist heute geprägt durch Entwicklungen wie Künstliche Intelligenz, das Internet of Things, Big Data, Robotics und die stärker ins Zentrum gerückten Erwartungen der Kunden, stets schnelle und innovative Lösungen zu erhalten. Die Digitalisierung treibt das Tempo vieler Geschäftsprozesse an. Immer mehr Aufgaben sind in kürzester Zeit und parallel zu bewältigen. Ereignisse und Entwicklungen im Geschäftsumfeld werden unvorhersehbarer und weniger planbar.

Auch innerhalb der Organisationen gibt es Trends: Fragen nach der Sinnhaftigkeit der Arbeit, nach Kommunikation auf Augenhöhe und individuellen Entwicklungsmöglichkeiten rücken immer stärker in den Fokus der Mitarbeiter und Führungskräfte. Das Konzept der »New Work« fasst diese Trends zusammen – Selbstständigkeit, Freiheit und Teilhabe an der Gemeinschaft sind hier besonders hervorzuheben (vgl. Bergmann). Viele Führungskräfte stellen fest, dass junge Mitarbeiter in die Organisationen kommen, die die traditionelle Führung infrage und althergebrachte Karriere- und Motivationssysteme auf den Kopf stellen. Gleichzeitig bestimmen der Austausch über Social Media sowie flexible Arbeitsmodelle, wie z. B. Homeoffice, unsere (Zusammen-)Arbeit zunehmend. Nie wurde so eng vernetzt über Orts- und Zeitgrenzen hinweg miteinander gearbeitet wie heute.

VUKA: die Welt, in der wir leben

Diese Trends und Entwicklungen lassen sich gut unter dem VUKA-Begriff zusammenfassen. Er entstand in den 1990er-Jahren in einer amerikanischen Militärhochschule und diente zunächst dazu, die Welt nach dem Ende des Kalten Krieges zu beschreiben. Inzwischen wurde er für die Wirtschaft übernommen. Er beschreibt kurz und knapp die wesentlichen Rahmenbedingungen unserer modernen Arbeitswelt. VUKA, im Englischen VUCA, ist ein Akronym; seine Buchstaben stehen für Volatilität, Unsicherheit, Komplexität und Ambiguität.

Was VUKA bedeutet	
Volatilität	Hohe Schwankungen, Unbeständigkeit
Unsicherheit	Unkenntnis über die kommenden Entwicklungen, Unberechenbarkeit, völlig neue Märkte entstehen
Komplexität	Vielfältige Verknüpfungen, wechselseitige Beeinflussung, Abhängigkeiten von unterschiedlichsten Seiten
Ambiguität	Widersprüche, Rollenkonflikte, Mehrdeutigkeit

Das Mehr an Volatilität, Unsicherheit, Komplexität und Mehrdeutigkeit erfordert von Führungskräften, sich anders auszurichten und ein neues Führungsverständnis zu entwickeln. Es gilt anzuerkennen, dass sie nicht mehr alles kontrollieren können und dass Chaos eine Voraussetzung für Innovation ist. Unternehmen wollen rascher auf Marktveränderungen reagieren, wollen Schnellboote sein statt große Dampfer: flexibel und flink (vgl. Faschingbauer). Das stellt Führungskräfte und deren Teams vor die Herausforderungen, in kurzer Zeit, innovativ und kompetent auf sich ständig neu entwickelnde Rahmenbedingungen zu reagieren.

Agilität hilft dabei. Sie ist die Fähigkeit, in einem unsicheren und dynamischen Umfeld anpassungsfähig, flexibel und schnell zu handeln. Dabei vereint sie Werte, Verhaltensweisen und unterschiedliche Methoden, die dies ermöglichen. Agile Prinzipien wie die Dezentralisierung und Selbstorganisation von Teams machen Unternehmen besonders erfolgreich (vgl. Laloux). Es geht bei Agilität nicht nur um die Organisation von Prozessen oder die Einführung von Prozessmethoden. Agiles Vorgehen betrifft immer auch soziale und kommunikative Aspekte und ist daher auch eine besondere Art der Führung.

Künstliche Intelligenz wird zukünftig viele Berufe überflüssig machen. Alle analytischen, organisierenden, operativ koordinierenden Aufgaben werden langfristig digitalisierbar sein. So auch Teile der Führungsaufgaben. Führungskräfte und ihre Teams werden sich in Zukunft von Computern beraten lassen, welche Entscheidungen sie treffen sollen. Folgendes bleibt jedoch trotz aller digitaler Innovation Führungsaufgabe: Sinn vermitteln, Kommunikation gestalten, Mitarbeiter motivieren und entwickeln, ihre Leistungsfähigkeit erhalten, Teams entwickeln, Veränderungen managen und Innovation fördern.

Erfolgreiche Führungskräfte sind agil

Viele Führungskräfte stehen heute in Bezug auf die Digitalisierung vor mehreren Herausforderungen. Sie sollen

1. die Geschäftsmodelle eines Unternehmens zukunftsfähig halten.
2. allen Mitarbeitern Wissen zugänglich machen und optimale Rahmenbedingungen für eine (auch digitale) Zusammenarbeit und Vernetzung schaffen.
3. Übernahme von Verantwortung in den Teams ermöglichen, um deren schnelle Reaktionen auf neue Marktbedingungen sicherzustellen.

Dafür ist es notwendig,

- das eigene Führungsverhalten immer wieder zu reflektieren und an die neuen Rahmenbedingungen anzupassen,
- die Lösungskompetenzen und Fähigkeiten der Mitarbeiter zu kennen und zu entwickeln, ihnen zu vertrauen und ihnen kreative Freiräume zu gewähren.

Agiles Führen ist eine Antwort auf VUKA. Damit Unternehmen schneller auf Marktveränderungen reagieren und ihnen mit innovativen Lösungen Rechnung tragen können, ist entscheidend, dass Führungskräfte ihre Mitarbeiter und Teams, die möglichst nahe am Kunden agieren, dazu befähigen, Verantwortung zu übernehmen und den Freiraum für eigene Entscheidungen zu nutzen. Erfolgreiche Führungskräfte werden in Zukunft mehr coachen und weniger kontrollieren. Dazu ist es wichtig, dass Führungskräfte die Potenziale ihrer Mitarbeiter erkennen und weiterentwickeln, sinnstiftendes Arbeiten ermöglichen und sie dazu befähigen, unternehmerisch zu denken und zu handeln.

Die Bausteine agilen Führens

1. **Kundenorientierung** und die Fähigkeit, unmittelbar auf die Bedürfnisse und Wünsche der Kunden einzugehen.
2. **Einbindung der Mitarbeiter** mit all ihren individuellen Fähigkeiten, Motivationen und Ideen.
3. **Entwicklung der Organisation,** also der Strukturen und der Kultur, in der agiles Arbeiten seine Wirkung entfalten kann.

Siehe hierzu näher das Kapitel »Agile Führungsprinzipien und Werte«.

Vom »klassischen« zum agilen Führen

»Klassisches« Führen hat in vielen Aspekten andere Schwerpunkte als das agile Führen. Die folgende Tabelle zeigt die wesentlichen Unterschiede.

Grundannahmen der Führung	
»Klassisch«	**Agil**
▪ Klarheit, Eindeutigkeit, Erkenntnis als Basis	▪ Unterschiedlichkeit, Veränderung, Unvorhersagbarkeit als Basis
▪ Arbeiten ist Existenzsicherung	▪ Arbeiten ist Sinn
▪ Wissen ist Macht	▪ Können und innovativ sein macht erfolgreich
▪ Produktion sorgt für Wertschöpfung	▪ Innovation und Kommunikation sorgen für Wertschöpfung
Strukturen der Organisation	
»Klassisch«	**Agil**
▪ Hierarchie und Rangordnung	▪ Netzwerkstruktur
▪ Führung = Position	▪ Führung = Rolle
Aufgaben der Führung	
»Klassisch«	**Agil**
▪ Alles richtig machen	▪ Das Richtige machen, experimentieren und aus Fehlern lernen
▪ Wissen und verstehen	▪ Auch ohne vollständige Informationen mutig loslegen und entscheiden; im Prozess lernen und verbessern

Aufgaben der Führung	
»Klassisch«	**Agil**
▪ Planen	▪ Ohne einen Gesamtplan Verantwortung für das Handeln übernehmen und die nächsten Schritte planen
▪ Potenzialträger entwickeln	▪ Teams entwickeln
▪ Organisieren	▪ Selbstorganisation der Teams unterstützen – systematisches Reflektieren und Weiterentwickeln
▪ Aufgaben verteilen	▪ Verantwortung verteilen und übertragen
▪ Vorgaben innerhalb der Hierarchie umsetzen	▪ Freiräume aktiv nutzen, unternehmerisch denken und handeln, selbst entscheiden (lassen)
▪ Entscheiden	▪ Team befähigen, selbst zu entscheiden
▪ Vorgeben	▪ Unterstützen, coachen und motivieren
▪ Kontrollieren	▪ Mit Chaos umgehen

Das agile Mindset: ohne geht es nicht

Agile Methoden können nicht einfach in einem Unternehmen »ausgerollt« werden. Es braucht dafür das nötige Mindset, also eine innere Grundhaltung, die Art und Weise, wie Menschen basierend auf eigenen Werten und Prinzipien denken, fühlen und handeln. Mindset ist nicht gleich Mindset. Experten (vgl.

beispielsweise Dweck) unterscheiden zwischen einem »Fixed Mindset« und einem »Growth Mindset« – einer statischen und einer dynamischen, an Entwicklung orientierten Grundhaltung.

- Menschen mit einer statischen Grundhaltung glauben, dass Intelligenz angeboren und nicht veränderlich sei.
- Menschen mit einer dynamischen Grundhaltung halten Intelligenz für trainier- und entwickelbar.

Diese unterschiedlichen Haltungen werden unter anderem am Umgang mit Fehlern sichtbar. Während diejenigen mit statischem Mindset meinen, Fehler sagten etwas über die kognitiven Fähigkeiten eines Menschen aus, glaubt derjenige mit einem dynamischen Mindset, dass Fehler und Kritik immer die Chance bieten, sich weiterzuentwickeln und zu lernen.

Sie ahnen es wahrscheinlich schon: Ein agiles Mindset ist ein dynamisches Mindset! Nur wer an die Entwicklung seiner eigenen Fähigkeiten und die seiner Mitarbeiter glaubt, kann diese auch fördern. Das klingt zwar banal, hat jedoch eine große Relevanz im Joballtag. Oft treffen wir dort auf Führungskräfte mit statischem Mindset: »Der Müller ist eben so!«, »Die Meier ist halt immer besonders emotional ...«. Wenn wir davon ausgehen, dass die Menschen so sind, wie sie sind – wir ihnen also mit einem statischen Mindset begegnen –, lassen wir ihnen keine Chance zur Veränderung und Entwicklung. Statisch ist übrigens nicht gleichbedeutend mit negativ. Die Aussage »Gut gemacht! Du kannst einfach perfekt analysieren.«, deutet genauso auf ein statisches Mindset hin. Dynamisch wäre: »Gut gemacht! Du bist noch besser auf die Fragen der Zuhörer eingegangen als beim letzten Mal und deine Folien waren noch strukturierter. Die Schlüsse, die du aus den Analysen gezogen hast, sind jetzt klarer und daher sehr überzeugend.«

> Ein dynamisches Mindset zu haben, bedeutet, daran zu glauben, dass jeder Mensch sich entwickeln kann, wenn er sich dafür entscheidet, das zu tun.

Es ist möglich, eine dynamische Grundhaltung zu entwickeln – sowohl als Individuum und auch als Organisation. Das ist ein längerer Prozess und hat viel mit den eigenen Annahmen und Erfahrungen zu tun. Agile Methoden unterstützen dabei, ein dynamisches Mindset zu entwickeln, denn beim agilen Vorgehen dreht es sich grundsätzlich auch darum, Fehler als willkommene Lernchancen zu begreifen. Alle agilen Methoden verbindet die Grundannahme, dass sowohl die Produktentwicklung als auch der Zusammenarbeitsprozess durch Reflexion, Feedback, mutiges Ausprobieren und erneutes Reflektieren beständig verbessert und dynamisch angepasst werden können und sollten (siehe hierzu Kap. »Agile Führungsprinzipien und Werte«). Auch auf andere Weise lässt sich ein agiles Mindset trainieren, so z. B. mithilfe von Improvisation und den damit verbundenen Techniken (mehr dazu im TaschenGuide »Improvisationstechniken«).

Die Studie »Auf dem Weg zur agilen Organisation« des Instituts für Personalforschung an der Hochschule Pforzheim benennt übrigens die agile Haltung als zentrales Element der Agilität.

Entscheidend für die innere Einstellung: die eigenen Werte

Sich seiner eigenen Werte, Bedürfnisse und Motive bewusst zu sein und sie zu verstehen, ist die Basis, um authentisch als Vorbild führen zu können. Nur derjenige, der seine Stärken und Schwächen, seine Muster und »Knöpfe« kennt, ist in der Lage, sich selbst und damit auch den Mitarbeitern mit Wertschätzung, Offenheit und Respekt zu begegnen. Und genau dies ist eine der weiteren Voraussetzungen für agiles Führen. Es ist wichtig, sich über seine eigenen inneren Werte im Klaren zu sein und für sich selbst zu reflektieren, ob sie im Widerspruch zu den agilen Werten stehen. Diese sind im Agilen Manifest zusammengefasst, das Sie im Kapitel »Agile Werte« kennenlernen.

Selbstführung: Alles eine Frage der Haltung?

Unsere Körperhaltung wird durch unsere innere Haltung bestimmt, und umgekehrt ist es genauso, wie wir inzwischen aus der Forschung wissen (vgl. näher dazu das Kap. »Der Körper beginnt – der Kopf folgt«). Dass das Wort »Haltung« im Deutschen sowohl die Körperhaltung als auch die innere Einstellung bezeichnet, hat also durchaus einen Sinn. Beides ist untrennbar miteinander verwoben. Daher ist es relevant, die eigene innere Haltung zu sich selbst, zu den Mitarbeitern und zur Führungsaufgabe zu reflektieren. Sie erschließt sich über Fragen wie die folgenden: Was denke ich über mich? Was über meine Mitarbeiter? Wofür möchte ich Anerkennung? Dafür, dass ich die beste

Lösung bringe, oder dafür, dass mein Team auf gute Lösungen kommt? Was strahle ich aus? Passen die innere und die äußere Haltung zusammen?

Führungskräfte stehen immer auf der Bühne. Sie strahlen immer etwas aus. Sie wirken! Es ist daher so viel wichtiger, als so mancher annimmt, auf die eigene Stimmung, den eigenen Glauben an das Team, das Produkt, die Kultur zu achten.

Und Sie? Haben Sie ein agiles Mindset?

Die Aspekte in der folgenden Tabelle sind aus verschiedenen Quellen zusammengetragen und beschreiben wesentliche Inhalte eines agilen Mindsets. Überlegen Sie, inwieweit Ihnen diese Werte, Denkweisen und Haltungen entsprechen. So können Sie für sich eine Standortbestimmung zum agilen Mindset durchführen.

Wert	Denkweise und innere Haltung	✓
Zusammenarbeit/Kooperationsbereitschaft	Ich bin davon überzeugt, dass in der Zusammenarbeit im Team die besten Lösungen gefunden werden.	
	Die Ergebnisse im Team werden umso wertvoller, je heterogener es ist.	
	In der Zusammenarbeit zählen weniger Status und Positionen als vielmehr Inhalte und die Stärken eines jeden Einzelnen.	
	Die Rolle im Team ist wichtiger als die hierarchische Position.	

Wert	Denkweise und innere Haltung	✓
	Mir ist es wichtig, mit meinen persönlichen Fähigkeiten das Teamergebnis bestmöglich zu unterstützen. Ich bin bereit, Unterstützung von anderen im Team anzunehmen.	
	Ich akzeptiere die vereinbarten Regeln und Routinen im Team, auch wenn im Ergebnis Entscheidungen dabei herauskommen, die nicht meiner eigenen Meinung entsprechen.	
Respekt	Ich respektiere andere Meinungen, Erfahrungen und Herangehensweisen.	
	Wechselseitiger Respekt und menschliche Wertschätzung auch in Konfliktsituationen sind mir wichtig.	
Verantwortung	Ich bin bereit, Verantwortung zu übernehmen. Ich fühle mich verantwortlich für das Teamergebnis.	
	Ich bin bereit, Verantwortung abzugeben. Wir können die Geschwindigkeit in Richtung des Kunden nur erhöhen, wenn ich meine Mitarbeiter stärke und ihnen die Möglichkeit gebe, selbst Verantwortung zu übernehmen und Entscheidungen zu treffen.	
	Mir ist eigenständiges Handeln wichtiger als das Abarbeiten von Anweisungen.	
	Mir ist es wichtig, Arbeitsabläufe und meine Arbeitsumgebung aktiv zu gestalten.	
	Ich bin überzeugt davon, dass wir unsere Arbeit selbst besser organisieren können als andere von außen. Es ist mir wichtig, dazu einen Beitrag zu leisten.	

Wert	Denkweise und innere Haltung	✓
Flexibilität	Ich kann gut mit wechselnden Verantwortlichkeiten, Arbeitsabläufen und Inhalten umgehen.	
	Es ist wichtiger, flexibel auf Veränderung zu reagieren, als einen Plan zu befolgen.	
	Veränderungen sind Möglichkeiten zur Weiterentwicklung.	
Offene Kommunikation	Ich erachte transparente Kommunikation notwendig für eine gelungene Zusammenarbeit.	
	Offenheit und Ehrlichkeit sind mir wichtig.	
	Ich teile mein Wissen und sorge dafür, dass meine Mitarbeiter ihr Wissen teilen.	
Feedback	Wechselseitiges Feedback im Team ist wichtig für Weiterentwicklung und Lernen. Ich bin offen auch für kritische Rückmeldungen anderer Menschen zu mir und meiner Arbeit. Gleichzeitig bin ich bereit, anderen offenes und auch kritisches Feedback zu geben.	
Fehlerfreundlichkeit	Fehler sind eine gute Chance zu lernen. Sie liefern wertvolle Informationen zur Weiterentwicklung. Ich habe den Mut, Fehler zu machen. Lernen ist wichtiger als Können. Scheitern gehört zu Veränderung und Innovation dazu.	
	Eigene Fehler offen zu kommunizieren ist hilfreich. Damit lernen auch meine Mitarbeiter, ihre Fehler offen anzusprechen.	

Wert	Denkweise und innere Haltung	✓
Mut und Experimentierfreude	Ich habe den Mut, etwas auszuprobieren und zu experimentieren, auch ohne einen Plan zu haben und ohne zu wissen, ob das Vorgehen erfolgreich sein wird.	
	Innovation kann dann stattfinden, wenn wir unsere Komfortzone verlassen.	
	Der Verlust von Kontrolle ist normal in Veränderungs- und Innovationsprozessen.	
	In einem dynamischen Umfeld ist es wichtiger, schnell und pragmatisch ins Handeln zu kommen und im Ausprobieren zu lernen, als zu warten, bis alle Informationen für eine saubere Analyse des Themas vorliegen. Dabei ist es notwendig, pragmatisch vorzugehen, einfache kleine Schritte zu machen und immer wieder zu testen.	
Vertrauen und Optimismus	»Wir schaffen das schon«, ist eine meiner typischen Haltungen, auch in herausfordernden Situationen.	
	Ich habe Vertrauen in meine eigene Wirksamkeit, auch in unbekannten Situationen.	
	Ich vertraue darauf, dass jedes Teammitglied sein Bestes gibt.	
Lernen	Meine persönliche Weiterentwicklung ist mir wichtig.	
	Ich glaube daran, dass meine Mitarbeiter immer wieder neue Fähigkeiten erwerben und entwickeln können.	

Wert	Denkweise und innere Haltung	✓
Kundenorientierung	Die aktive und frühzeitige Einbindung von Kunden in die Entwicklung von Neuem ist eine zentrale Voraussetzung für unseren Erfolg. Es ist wichtig, früh aktiv das Feedback des Kunden zu suchen und dabei auch unvollständige Ergebnisse mutig zu zeigen und zu diskutieren. Das Feedback des Kunden ist wichtiger und entscheidender, als meine eigenen Vorstellungen es sind.	
	Es ist wichtig, den Kunden in den Mittelpunkt der Überlegungen zu stellen. Wert für den Kunden zu steigern, ist für mich die wichtigste Leistungsgröße.	

Sehen Sie sich die Tabelle mit Ihren Eintragungen an. Haben Sie überwiegend Häkchen gesetzt? Dann haben Sie bereits ein agiles Mindset oder sind auf dem Weg dorthin.

Agile Führungskräfte sind dann besonders wirkungsvoll, wenn sie ein echtes Vorbild sein können. Dafür ist neben der Auseinandersetzung mit dem eigenen Mindset wichtig, selbst einen konstruktiven Umgang mit Unsicherheit, Druck und Gegenwind zu lernen, sich selbst motivieren und fokussieren zu können, eine Fehler- und Frustrationstoleranz zu leben und Prioritäten setzen zu können. Dafür ist entscheidend, professionelle Gelassenheit und emotionale Stabilität zu entwickeln.

Widersprüche aushalten können

Sie ahnen es bereits: Agiles Führen ist anspruchsvoll. Wer agil führt, hat Widersprüchlichkeiten auszuhalten. Experten nennen dies Ambiguitätstoleranz. Eine agile Führungskraft sollte

- ihren Mitarbeitern Orientierung geben und dabei gleichzeitig Freiraum lassen,
- Sicherheit gewährleisten und dabei gleichzeitig Autonomie ermöglichen (vgl. auch das Kap. »Motivieren«),
- methodische Standards etablieren und dabei gleichzeitig eigene Wege zulassen,
- ermuntern und dabei nicht bevormunden.

Eine Kompetenz, die Führungskräfte zunehmend brauchen, ist diejenige, mit Dilemma-Situationen gut umgehen zu können. In Unternehmen gibt es immer wieder Entscheidungen, hinter denen einzelne Führungskräfte nicht wirklich stehen können. Dennoch erleben sie es als ihre Aufgabe, diese Entscheidung so ans Team weiterzugeben, dass es motiviert weiterarbeiten kann. Die Führungskraft ist also in einem Dilemma: Sie möchte sich loyal gegenüber dem eigenen Management verhalten und gleichzeitig authentisch dem eigenen Team gegenüber. Die folgende Übersicht zeigt Lösungswege für solche Situationen.

Umgang mit Widersprüchen

Sie stellen fest, dass Sie nicht so recht hinter einem Beschluss des Managements stehen können? Versuchen Sie es mit folgender Strategie.

1. **Reflektieren Sie die Entscheidung**/das Projekt/das Change-Vorhaben und unterteilen Sie es in **Einzelstücke**: Was davon kann ich nachvollziehen? Was nicht? Was davon kann ich vertreten? Was nicht? Welche Emotionen löst das in mir aus?
2. **Sprechen Sie mit Ihrer Führungskraft.** Stellen Sie viele Fragen! Wozu ist die Entscheidung gut? Was genau ist der Hintergrund? Wie stehst du dazu? Was kannst du teilen? Was nicht? Was ist fix? Machen Sie sich die Stufen der Entscheidung (siehe hierzu das Kap. »Nützliche Tools – bewährte Methoden«) transparent. Auf welcher Stufe befinden wir uns hier? Wo gibt es noch Gestaltungsspielraum, wo nicht?
3. **Tauschen Sie sich mit Kollegen aus.** Über den Widerspruch zu sprechen hilft bereits, um klarer zu sehen.
4. Akzeptieren Sie die **Stufen der Entscheidung** (siehe hierzu das gleichnamige Kapitel) und entwickeln Sie eine **Kommunikationsstrategie,** die beides erfüllt: loyal und authentisch sein zu können. Beispiel: »Ich sehe auch einige Aspekte eher kritisch. Nun ist es im Augenblick aber so. Lasst uns das Beste daraus machen!«

Organisations- und Situationscheck

Es gilt immer wieder, klug zu prüfen, wo agiles Führen passt und wo nicht. So gibt es Bereiche, wie beispielsweise im Operationssaal, bei einem Feuerwehreinsatz, im Cockpit eines Flugzeugs, in denen agile Methoden nicht angebracht sind. In solchen sogenannten High Risk Organizations geht es meist aus Sicherheitsgründen nicht darum, etwas Neues, Innovatives zu entwickeln, sondern Standards zu beachten. Es ist z. B. eindeutig der Pilot oder die Ärztin, der oder die die Entscheidung trifft und dabei auf sein bzw. ihr Erfahrungswissen zurückgreift; das Team führt die Anweisungen aus.

Bei Aufgaben, bei denen dies nicht eindeutig auf der Hand liegt, bietet sich ein Agilitäts-Check an: Wo kann eine Führungskraft agil führen, wo ist das nicht möglich? Wo kann ein Team selbstgesteuert entscheiden und wo nicht? Es gibt eindeutig Situationen, die nicht für Entscheidungen durch ein ganzes Team geeignet sind. So ist es beispielsweise nicht empfehlenswert, einen anstehenden Personalabbau im Team zu diskutieren. Auch bei Standardprozessen gilt es zu reflektieren, ob agil die richtige Wahl ist.

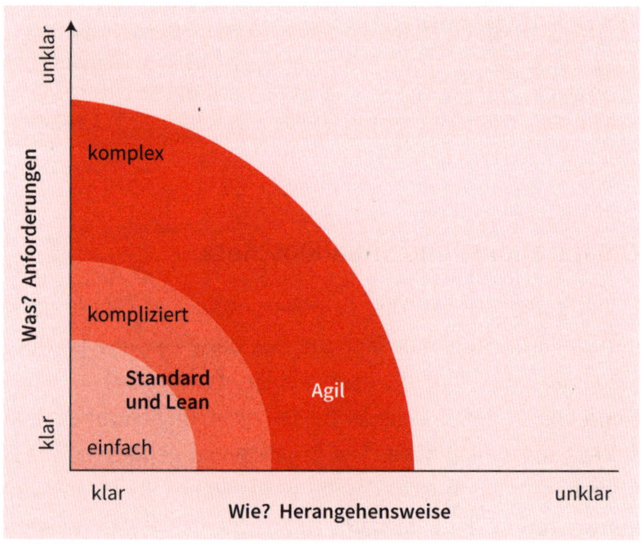

Agilitäts-Check mit der Stacey-Matrix

Agile Führungsprinzipien und Werte

Im Februar 2001 haben 17 Experten aus dem Bereich der Softwareentwicklung am Rande einer Konferenz ein Dokument erstellt, das die Werte und Prinzipien für eine moderne Form der Softwareentwicklung beschreibt: das Agile Manifest. Es ist quasi die Bibel des agilen Projektmanagements – und auch wenn es stark auf die Softwareentwicklung abzielt, bildet es doch ganz gut die Grundlagen jeglichen agilen Arbeitens und Führens ab.

Agile Werte

Die Grundlage des Agilen Manifests bilden die sogenannten agilen Werte. Diese sind wie folgt beschrieben.

Das Agile Manifest: Die Werte		
Wir erschließen bessere Wege, Software zu entwickeln, indem wir es selbst tun und anderen dabei helfen. Durch diese Tätigkeit haben wir diese Werte zu schätzen gelernt:		
Individuen und Interaktionen	mehr als	Prozesse und Werkzeuge
Funktionierende Software	mehr als	umfassende Dokumentation
Zusammenarbeit mit dem Kunden	mehr als	Vertragsverhandlung
Reagieren auf Veränderung	mehr als	das Befolgen eines Plans
Das heißt, obwohl wir die Werte auf der rechten Seite wichtig finden, schätzen wir die Werte auf der linken Seite höher ein.		

Eine wichtige Aussage im Manifest ist vor allem diejenige, dass auch die rechte Seite »geschätzt" wird. Es geht also darum, eine angemessene Balance zwischen den beiden Seiten zu finden. Letztlich benötigt man jeweils beide Seiten.

Die sieben Prinzipien agiler Führung

Aus den agilen Werten leitet das Agile Manifest zwölf Prinzipien ab. Wir stellen hier diejenigen vor, die eng mit dem Thema Führung verbunden sind. Sie lassen sich auch als Führungsprinzipien für agile Teams lesen.

Führungsprinzip Nr. 1: Veränderung begrüßen

Im Original lautet dieses Prinzip:

Heiße Anforderungsänderungen selbst spät in der Entwicklung willkommen. Agile Prozesse nutzen Veränderungen zum Wettbewerbsvorteil des Kunden.

Dieses Prinzip besagt, dass man Änderungswünschen des Kunden grundsätzlich positiv gegenüberstehen sollte, selbst wenn die Produktentwicklung bereits weit vorangeschritten ist. Dahinter steht die Kernidee, dass es sinnvoller ist, eine Realität zu akzeptieren und sich darauf einzustellen, als sich ihr zu verweigern. Führungskräften fällt hier eine Vorbildfunktion zu.

Die Essenz dieses Prinzips für agile Führung: Entscheidungen sollten hinterfragt werden dürfen, wenn Rahmenbedingungen sich ändern. Das eigene Führungsverhalten sollte immer wieder auf die aktuelle Situation ausgerichtet werden (siehe hierzu auch das Kapitel »Veränderungen managen«).

Führungsprinzip Nr. 2: Heterogene Teams bilden

Im Original lautet dieses Prinzip:

Fachexperten und Entwickler müssen während des Projektes täglich zusammenarbeiten.

Da bei der agilen Vorgehensweise die Anforderungen an das Produkt nicht detailliert beschrieben sind, kommt es zwangsläufig immer wieder zu Situationen, in denen den Entwicklern Anforderungen unklar sind. Damit solche Unklarheiten schnell ausgeräumt werden können, ist die enge Zusammenarbeit mit den Fachexperten wichtig, welche die Anforderungen gestellt haben. Die »Fachexperten« können je nach Projektstruktur auch die Kunden sein. Dieses agile Prinzip wird häufig auch unter einem anderen Aspekt interpretiert, nämlich dem, dass die Sichtweisen unterschiedlichster Fachexperten im Team vertreten sein sollten. Vor allem in großen Projekten rühren ja viele Probleme daher, dass die einzelnen Experten zu wenig über den Tellerrand schauen. Dank der Bildung fachübergreifender Teams, der sogenannten Crossfunctional Teams, entstehen häufig enorme Synergieeffekte.

Für Führungskräfte ist also die passende Entwicklung (agiler) Teams eine zentrale Aufgabe (siehe hierzu auch das Kap. »Teams entwickeln«).

Führungsprinzip Nr. 3: Eigenverantwortlichkeit fördern

Im Original lautet dieses Prinzip:

Errichte Projekte rund um motivierte Individuen. Gib ihnen das Umfeld und die Unterstützung, die sie benötigen, und vertraue darauf, dass sie die Aufgabe erledigen.

Dieses Prinzip lässt sich als Appell zur Förderung von Eigenverantwortlichkeit lesen. Dabei beginnt es mit der Forderung nach Motivation. Motivierte Mitarbeiter möchte man natürlich in jedem Projekt haben. Ein wichtiger Schlüssel zur Motivation von Teams steckt in dem weiter unten beschriebenen Prinzip der Selbstorganisation. Das reicht aber noch nicht aus. Zudem braucht es das passende Umfeld. Klassische Strukturen im Unternehmen bilden oft ein Umfeld, das agiles Vorgehen ausbremst oder gar verhindert. Dies beginnt bereits bei der Zeiteinteilung. In vielen Unternehmen sind die Mitarbeiter in verschiedenen Projekten gleichzeitig aktiv. Das wird schnell zum Problem, wenn es keine klaren Vorgaben dazu gibt, in welcher Priorität die Projekte zueinander stehen. Dann zerren und ziehen die verschiedenen Projektleiter an den Mitarbeitern, um ihr eigenes Projekt möglichst gut voranzubringen. Hier können die Führungskräfte maßgeblich zur Klärung beitragen, indem sie die einzelnen Aufgaben priorisieren und die Verantwortlichkeiten dafür delegieren.

Das Vertrauen in die Mitarbeiter, das dieses Prinzip fordert, bildet einerseits eine Voraussetzung für Eigenverantwortlichkeit und ist andererseits Folge derselben. Als Führungskraft gilt es, diesen Kreislauf mit einem Vertrauensvorschuss in Gang zu setzen.

Führungsprinzip Nr. 4: Direkte Kommunikation fördern und vorleben

Im Original lautet dieses Prinzip:

Die effizienteste und effektivste Methode, Informationen an und innerhalb eines Entwicklungsteams zu übermitteln, ist im Gespräch von Angesicht zu Angesicht.

In vielen großen Projekten haben sich verschiedene Formen der indirekten Kommunikation etabliert. Insbesondere werden dort Anforderungen ausführlich in Dokumenten beschrieben und vom Fachbereich an die Entwicklung kommuniziert. Auch unter Entwicklern wird sehr viel mit E-Mails und Ticketsystemen gearbeitet, wenn es darum geht, technische Details abzustimmen. Das agile Prinzip, das die direkte Kommunikation propagiert, kann gewissermaßen als Rückbesinnung auf das persönliche Gespräch verstanden werden. Wegen des übermäßigen Gebrauchs indirekter Kommunikation kommt es nämlich unbestreitbar zu Reibungsverlusten, die sich mit diesem Prinzip vermindern lassen. Es ist Aufgabe von Führungskräften, direkte Kommunikation vorzuleben und immer wieder dazu aufzufordern (siehe hierzu auch das Kap. »Kommunikation gestalten«).

Führungsprinzip Nr. 5: Für nachhaltiges Arbeitspensum sorgen

Im Original lautet dieses Prinzip:

Agile Prozesse fördern nachhaltige Entwicklung. Die Auftraggeber, Entwickler und Benutzer sollten ein gleichmäßiges Tempo auf unbegrenzte Zeit halten können.

Auf Dauer an den Grenzen der Belastbarkeit zu arbeiten, funktioniert erfahrungsgemäß nicht. Diese Erkenntnis ist sicher nicht neu. Sie lässt sich auf alle möglichen Bereiche der Arbeitswelt und des Privatlebens übertragen. Das Prinzip trägt dieser Erkenntnis Rechnung. Es lässt sich umsetzen, indem Mitarbeiter und Teams in die Planung ihrer Arbeitslast miteinbezogen werden. In der Realität ist dies aber nicht immer einfach zu gewährleisten, denn das Prinzip steht in einem gewissen Spannungsverhältnis zu dem meist wirtschaftlich motivierten Wunsch, ein möglichst hohes Tempo bei der Bearbeitung der Aufgaben zu erreichen. Führungskräfte können hier mit den richtigen Maßnahmen einen wesentlichen Beitrag leisten (siehe hierzu das Kap. »Leistungsfähigkeit erhalten«).

Führungsprinzip Nr. 6: Teams zu Selbstorganisation führen

Im Original lautet dieses Prinzip:

Die besten Architekturen, Anforderungen und Entwürfe entstehen durch selbstorganisierte Teams.

Die Selbstorganisation des Teams in einem agilen Projekt ist ein besonders auffälliger Unterschied zu den Führungsstrukturen in gängigen klassischen Projekten. Dort ist es in der Regel Aufgabe des Projektleiters, delegierbare Arbeitspakete zu erstellen und den einzelnen Teammitgliedern zuzuweisen. Im agilen Projekt erstellt das Team dagegen selbst die Arbeitspakete auf Basis der Anforderungen und kümmert sich auch selbst um die Aufteilung der Aufgaben untereinander. Führungskräften fällt hier die Aufgabe zu, Rahmenbedingungen zu schaffen, unter denen Selbstorganisation gelingen kann (siehe hierzu auch das Kap. »Selbstorganisation im Team unterstützen«).

Führungsprinzip Nr. 7: Kontinuierliche Verbesserung fördern

Im Original lautet dieses Prinzip:

In regelmäßigen Abständen reflektiert das Team, wie es effektiver werden kann und passt sein Verhalten entsprechend an.

Dieses Prinzip erinnert stark an das sogenannte Kaizen aus dem Lean Management und ist vielleicht auch dort entlehnt. Dahinter steht die Grundhaltung, dass ein Prozess niemals perfekt sein kann, sondern immer noch Spielraum für Verbesserungen bietet. Im agilen Kontext kommt hinzu, dass sich das Umfeld, in das der (Entwicklungs-)Prozess eingebettet ist, immer wieder verändert. Eine kontinuierliche Anpassung des Entwicklungsprozesses an diese Änderungen kann deswegen vorteilhaft sein. Des Weiteren ist eine regelmäßige Reflexion und Verbesserung der Zusammenarbeit unter den Mitarbeitern eine typische Ausprägung dieses Prinzips. In der agilen Praxis findet sich es sich insbesondere in den sogenannten Retrospektiven wieder (siehe dazu das gleichnamige Kapitel).

> In den folgenden Kapiteln sehen Sie, wie sich die sieben agilen Prinzipien konkret in der Führungspraxis umsetzen lassen.

Auf einen Blick: Die Pfeiler des agilen Führens

- Agiles Führen ist erfolgreiches Führen. In einer Welt, die geprägt ist von Veränderung, Unberechenbarkeit und Unsicherheit, ist es wichtig, sich und sein Team flexibel und wendig zu führen.
- Führen ist immer auch Einstellungssache. Agiles Führen verlangt ein dynamisches Mindset, das sich entwickeln lässt.
- Agilität ist mehr als nur ein Modewort. Sie wurzelt in einem Netz aus agilen Grundwerten, aus denen sich klare Führungsprinzipien ableiten lassen.

Im Fokus: neues Rollenverständnis

Mehr Freiheiten für Mitarbeiter, mehr Dialog, mehr Dynamik im Team, anderes Rollenverständnis – agiles Führen unterscheidet sich in vielen Aspekten von den herkömmlichen Führungsprinzipien.

In diesem Kapitel erfahren Sie u. a.,

- warum agile Führungskräfte Dienstleister sind,
- wie Sie Ihre Mitarbeiter in agiler Weise motivieren,
- was Empowerment ist,
- wie selbstorganisierte Teams funktionieren.

Die Führungskraft als Dienstleister ihres Teams

Ein zentraler Unterschied des agilen Führens gegenüber herkömmlichen Führungsansätzen, wie z.B. dem autoritären oder dem situativen Führungsstil, ist das Verständnis von Führung als Rolle. Führungsaufgaben werden beim agilen Führen auf verschiedene Rollen verteilt. In vielen Organisationen gibt es inzwischen Projekt- und Matrixstrukturen, in denen die Mitarbeiter mehrere Führungskräfte haben – von denen sie fachlich bzw. disziplinarisch geführt werden. Führung ist nicht mehr per se an eine Person, an eine Position gekoppelt, vielmehr können verschiedene Führungsaufgaben auch auf mehrere Rollen verteilt werden.

BEISPIEL: ROLLE VS. POSITION

Im Scrum ist der Product Owner für die Weiterentwicklung des Produkts zuständig, während der Scrum Master die Aufgabe hat, Probleme und Hindernisse aus dem Weg zu räumen und auf die Einhaltung der gemeinsamen Regeln zu achten.

> Rollen werden übernommen, wenn es erforderlich ist. Sie werden wieder abgegeben, wenn sie nicht mehr nötig sind für die Aufgabe.

Der intensive Dialog zwischen Mitarbeitern und Führungskraft über die aktuellen Aufgaben, zukünftige Herausforderungen, über Stärken, Potenziale, die Zusammenarbeit, ist das Herzstück jeglicher Art von Führung. Das Herzstück agiler Führung ist der Dialog über den Dialog. Dabei fragen sich Führungskraft und Mitarbeiter beispielsweise: Ist die Art und Weise unseres

Austauschs hilfreich? Was daran können wir ändern, damit es noch hilfreicher wird? Sind die Fragen, die wir uns stellen, die richtigen? Sind die Rituale die richtigen? Passt der Abstand unserer Meetings?

Beim agilen Führen nimmt die Führungskraft nicht länger die Rolle des Entscheiders ein. Vielmehr gilt es, andere zu befähigen, Entscheidungen gemeinsam treffen zu können. Damit steht die Führungskraft einem hoch kompetenten Team als Moderator und Berater zur Seite. Sie übernimmt also nicht, sondern steuert die Planung, die Kommunikation, die notwendigen Entscheidungen, die Entwicklung des Teams, Innovation und Change. Probleme werden offen angesprochen, Hindernisse werden thematisiert, Lösungen gesucht. Diese Formen der Kommunikation und Interaktion zu lenken – das ist ein großer Teil der Führungsaufgabe.

Servant Leading: dienendes Führen

Agiles Arbeiten setzt höchste Kommunikationskompetenz und die Bereitschaft zu ständigen Feedbackschleifen voraus, und zwar sowohl bei den Führungskräften als auch bei den Mitarbeitern. Für viele Führungskräfte ist es dabei eine große Herausforderung, das Loslassen zu lernen und der Selbstorganisationsfähigkeit ihrer Teams zu vertrauen. Dazu gehört, nicht in das operative Geschäft einzugreifen, und sich stattdessen als Dienstleister zu begreifen, der für das Team die Rahmenbedingungen schafft und Hindernisse aus dem Weg räumt. Daher wird agiles Führen auch häufig mit dienendem Führen, im Englischen: Servant Leading, gleichgesetzt (vgl. Greenleaf). Dabei geht es darum, die Stärken, Ziele und Bedürfnisse des Gegenübers im Blick zu haben und Rahmenbedingungen zu gestalten, die sowohl die konkrete Arbeit als auch die Weiterentwicklung der Mitarbeiter unterstützen. Eine Führungskraft, die sich als Servant Leader versteht, fragt also: »Was kann ich für dich tun, damit du deine Arbeit motiviert schaffst?«

Hauptmerkmale der dienenden Führung

- Moralisches Denken und Handeln wird zur Grundlage gemacht.
- Das Wohlergehen der Mitarbeiter steht im Mittelpunkt.
- Führungskräfte sind die Dienstleister aller Stakeholder, z. B. der Mitarbeiter, Kunden, Geschäftspartner.
- Selbstreflexion ist ein wichtiges Gegengewicht zur menschlichen Überheblichkeit.

(Nach Valentin Nowotny: Agile Unternehmen. Nur was sich bewegt, kann sich verbessern, Göttingen 2018, S. 301)

Der Hosting Leader

Viele sprechen auch vom Hosting Leader, der Führungskraft als Gastgeber. Die Metapher des Gastgebers passt wunderbar zum Verständnis von agilem Führen: Ihm ist es wichtig, dass sich alle Gäste wohlfühlen und in guter Stimmung sind, dass alle integriert sind und sich angeregt unterhalten. Der Gastgeber sorgt für den Rahmen, hat alle eingeladen, über den Rahmen (Anlass, Ort, Zeit, Motto etc.) der Party informiert und sichergestellt, dass alle den Rahmen verstehen. Dabei ist es ihm nicht wichtig, im Mittelpunkt zu stehen oder anschließend als bester Gastgeber gelobt zu werden. Es ist ihm ein inneres Anliegen, für andere eine gute Party zu schmeißen.

Kommunikation gestalten

Ein Ziel agiler Führung ist es, Mitarbeiter zu Teams zu entwickeln. Die modernen, interdisziplinären Strukturen und flexiblen Netzwerke, die dafür nötig sind, erfordern von Führungskräften insbesondere die Kompetenz, Teams zu führen. Auch interkulturelle Kompetenz sowie die Fähigkeit, virtuelle Teams zu führen, wird in der internationalen und globalen Zusammenarbeit als Führungskompetenz noch wichtiger. Die Basis all dieser Kompetenzen ist hohe Kommunikationsfähigkeit sowohl im zielgerichteten Vermitteln von Inhalten, dem Informieren auf Augenhöhe, dem Schaffen einer Vertrauens- und Feedbackkultur als auch im aktiven Zuhören.

Voraussetzung dafür ist, sich als Führungskraft wirklich für die Mitarbeiter zu interessieren und sich in die unterschiedlichen Erfahrungen, Denk- und Handlungsweisen anderer Menschen hineinversetzen zu können. Da sich Führen in erster Linie im Kommunizieren ausdrückt, haben wir der Kommunikation ein eigenes Kapitel gewidmet (siehe Kap. »Das A und O des agilen Führens: Kommunikation«).

Sinn vermitteln

Erst durch ein gemeinsames sinnstiftendes Element wird eine Gruppe zu einem Team mit einem klaren verbindenden Ziel. Es ist also Führungsaufgabe, immer wieder für das »Big Picture« zu sorgen. Selbstverantwortung und Selbstorganisation sind nur möglich, wenn Sinn, Ziel und Richtung klar sind.

Mitarbeiter sind dann besonders leistungsfähig, motiviert und zufrieden, wenn sie

- in dem, was sie tun, einen Sinn sehen,
- sich darin weiterentwickeln und »richtig gut« werden können,
- sich dabei mit anderen in gutem Austausch befinden und sich verbunden fühlen.

Menschen engagieren sich für das, woran sie wirklich glauben. Es geht also darum, sein Team und seine Mitarbeiter für das Projekt, für die Aufgabe zu begeistern.

Begeistern mit einem simplen Warum

Der erfolgreiche Unternehmensberater und Wirtschaftsautor Simon Sinek bringt dies mit seinem Konzept vom »Golden Circle« auf den Punkt, genauer gesagt auf drei Kreise: Die meisten Menschen, so Sinek, kommunizieren vom äußeren zum inneren Kreis. Sie beginnen mit dem »WHAT«, gehen dann über zum »HOW«, um dann erst zum »WHY« zu kommen.

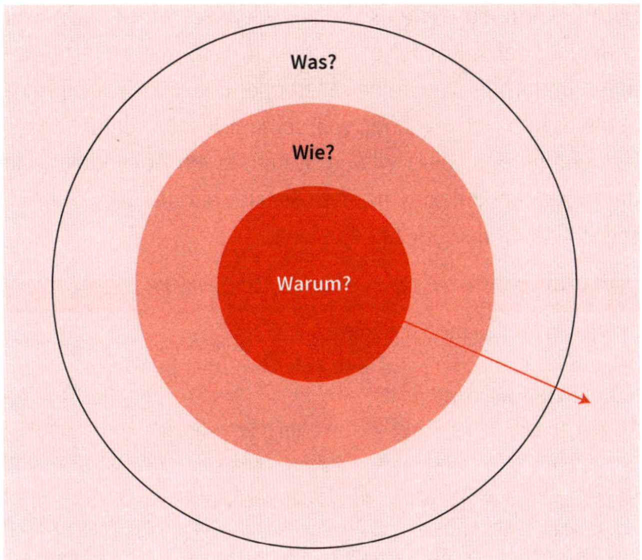

Der Golden-Circle

Wer Menschen richtig begeistern will, wählt genau den umgekehrten Weg. Simon Sinek hat dies auf eine wunderbare Formel gebracht, die ihn zu einem der meistzitierten TED-Talk-Sprecher machte: »Start with why!«. Denn: »People don't buy what you do. They buy why you do it.« Erst mit dem »Warum« wird Leidenschaft sichtbar. Erst dann kann der Funke überspringen. Das Warum berührt den Empfänger emotional.

> Wer das Warum kennt, kann auch eine Vision entwickeln.

Hinzu kommt ein weiteres simples wie bekanntes Prinzip: Nur derjenige, der selbst für etwas brennt, kann das Feuer in anderen entfachen. Wer seine Mitarbeiter und sein Team für das gemeinsame Ziel gewinnen will, sollte sich selbst dafür begeistern und für sich selbst wissen, warum er ein Ziel verfolgt. Mit der folgenden Reflexion machen Sie sich auf den Weg, für sich selbst Klarheit darüber zu gewinnen.

Selbstreflexion: Die Frage nach dem Warum

- Warum existiert mein Unternehmen?
- Warum möchte ich für dieses Unternehmen arbeiten? Warum will ich mich dafür engagieren?
- Warum bin ich begeistert von meinem Unternehmen?
- Warum sollten Menschen an meiner Organisation Interesse haben?
- Warum ist das, was wir produzieren bzw. anbieten, sinnvoll bzw. attraktiv? Warum sollten unsere Kunden unsere Produkte kaufen? Warum nicht die unseres Wettbewerbs? Achtung: »Damit wir mehr Profit machen«, ist dabei keine Antwortoption. Das ist zu banal und trägt deswegen nicht.

Sinn stiften mit der richtigen Vision

Eine inspirierende Vision erhöht die Motivation der Mitarbeiter stark. Eine gute Vision macht deutlich, wofür es lohnt, Zeit und Energie zu investieren. Sie fordert heraus und regt die kreativen und innovativen Fähigkeiten der Mitarbeiter an.

BEISPIELE: WIRKUNGSVOLLE VISIONEN

Wirkungsvolle Visionen waren Kennedys Vision vom Menschen auf dem Mond, Microsofts Vision in den 1970er-Jahren, dass jeder Haushalt einen PC auf dem Schreibtisch stehen haben soll, Martin Luther Kings weltberühmte Rede »I have a dream«, in der er proklamierte, dass alle Menschen gleich viel wert sind. Auch die Ursprungsvision von Wikipedia: «Imagine a world in which every single person is given free access to the sum of all human knowledge", entpuppte sich als besonders inspirierend für die vielen, vielen ehrenamtlichen Autoren, die dabei halfen, die Wissensdatenbank zu dem zu machen, was sie jetzt ist.

Alle diese Visionen entsprechen den folgenden Kriterien.

Eigenschaften einer inspirierenden Vision	
Vorstellbar	Vermittelt ein Bild, wie die Zukunft aussieht
Wünschenswert	Berücksichtigt die langfristigen Interessen der Mitarbeiter und Kunden
Emotional	Weckt positive Emotionen und »packt" einen
Fassbar	Umfasst realistische, erreichbare Ziele
Fokussiert	Setzt einen klaren Fokus und ist gleichzeitig weit genug, um bei sich verändernden Bedingungen Alternativen zuzulassen
Kommunizierbar	Ist innerhalb von fünf Minuten einfach und verständlich zu erklären

Mehr Arbeitshilfen rund um das Entwickeln und Kommunizieren einer Vision finden Sie zum Download unter https://mybookplus.de/, Buchcode TGA-HL12, in der Rubrik »Management«.

Motivieren

In den letzten Jahren gab es in der Hirnforschung viele interessante Erkenntnisse in Bezug auf Motivation. Die Wirkungsweise unseres Gehirns zu kennen, ist für Führungskräfte, die andere Menschen motivieren wollen, elementar.

Wie Motivation entsteht

Aus den aktuellen Erkenntnissen der Hirnforschung können Führungskräfte viel über Motivation lernen: Unser Gehirn schüttet Oxytocin aus, wenn wir uns in einer Gemeinschaft sicher fühlen, wenn wir uns gesehen, angenommen und wertgeschätzt fühlen. Oxytocin, das auch Bindungshormon genannt wird, führt dazu, dass wir Vertrauen zu anderen fassen. Es reduziert Ängste und Stress. All das können wir beim Gegenüber allein dadurch auslösen, dass wir ihm zuhören, ihn loben und wertschätzen. Unser Gehirn sorgt für eine vermehrte Serotonin-Ausschüttung, wenn uns andere in unserem Status erhöhen, so z. B. indem sie uns als Experten anerkennen und eine schwierige Aufgabe zutrauen. Serotonin, das als Glückshormon gilt, gibt uns das Gefühl der Gelassenheit, inneren Ruhe und Zufriedenheit. Dabei dämpft es eine ganze Reihe unterschiedlicher unangenehmer Gefühlszustände, insbesondere Angstgefühle, Aggressivität, Kummer und das Hungergefühl.

Serotonin und Oxytocin stärken zusätzlich unser Immunsystem und lassen uns gesünder sein (siehe hierzu auch das Kap. »Leistungsfähigkeit erhalten«). Außerdem machen uns diese Botenstoffe kreativer bei der Lösungsfindung.

Wenn wir ahnen, dass wir erfolgreich sein und gesetzte Ziele erreichen werden, dann schüttet unser Gehirn Dopamin aus – und lässt uns Vorfreude empfinden. Drei Bedingungen sind für die Ausschüttung von Dopamin relevant:

- Die Mitarbeiter erachten das, was sie tun, als sinnvoll. Das heißt, sie verstehen das große Ganze und sie teilen die Ziele.
- Sie erachten diese Ziele als erstrebenswert.
- Sie glauben, dass sie die Ziele erreichen können.

So simpel sie sind, so richtungsweisend sind diese drei Aspekte zum Beispiel für die Kommunikation von Veränderungen in Organisationen. Es ist verblüffend, wie hilfreich es für die Motivation der Mitarbeiter ist, wenn Führungskräfte auf die folgenden drei Fragen Antworten haben oder sie gemeinsam mit dem Team finden:

1. Wozu das Ganze?
2. Will ich das?
3. Kann ich das?

Das SCARF-Modell

David Rock, ein vielzitierter US-amerikanischer Wissenschaftsautor und Mitbegründer des Begriffs »Neuroleadership« hat ein Modell entwickelt, das die wichtigsten neurobiologischen Erkenntnisse unserer Zeit zusammenfasst – das sogenannte SCARF-Modell. SCARF ist ein Akronym. Die Buchstaben stehen für

- Status (Status)
- Certainty (Sicherheit)

- Autonomy (Autonomie)
- Relatedness (Zugehörigkeit)
- Fairness (Fairness)

S wie Status

Wenn wir als Führungskraft den Status eines Mitarbeiters erheblich senken (siehe hierzu näher das Kap. »Am besten auf Augenhöhe«) – ihn zum Beispiel vor anderen kritisieren –, dann, so hat die Forschung erkannt, aktiviert das in ganz ähnlicher Weise unser Schmerzzentrum wie bei körperlichen Schmerzen. In der Folge wird das Stresshormon Cortisol ausgeschüttet, was das Gehirn dazu veranlasst, ins Notprogramm zu schalten. Die Folge: Es fährt die Denkleistung zurück und rüstet den Körper zu Angriff oder Flucht. Auch distanziert, arrogant und kühl wirkendes Verhalten kann beim Gegenüber diese Stressareale aktivieren.

Bei positivem Feedback hingegen wird unser Belohnungszentrum aktiviert, was zu Wohlbefinden und auch zu einer Steigerung unserer Leistung führen kann. Wenn Führungskräfte also gehirngerecht motivieren wollen, dann können sie das tun, indem sie

- den Status des Mitarbeiters heben,
- echte Wertschätzung zeigen,
- Mitarbeiter in Entscheidungen einbeziehen,
- Verantwortung übergeben,
- Leistungen würdigen,

- sich für die Erledigung von Aufgaben bedanken.

Dies korrespondiert mit dem agilen Führen. Auch hier sind Wertschätzung und das Vertrauen in andere wesentliche Bestandteile des Führungsverhaltens.

C wie Certainty (Sicherheit)

Unser Gehirn sucht nach Sicherheit. Wenn wir uns sicher fühlen, dann steigt unser Serotoninspiegel. Wenn wir uns hingegen unsicher fühlen, wird Cortisol ausgeschüttet und wir geraten »unter Stress«. Häufige Veränderungen machen unsicher und können deswegen Stress bei den Beteiligten auslösen. In unserer VUKA-Welt, die geprägt ist von permanentem Wandel und unvorhersehbaren Entwicklungen, ist es daher besonders wichtig, Sicherheit zu schaffen.

Führungskräfte können Unsicherheit entgegenwirken durch

- Transparenz,
- ausführliche Informationen zu Hintergründen und Geschäftsentwicklungen,
- Orientierungsanker.

A wie Autonomy (Autonomie)

Wenn wir erleben, dass wir Dinge selbst entscheiden und gestalten können, sind wir motiviert. Unser Gehirn schüttet dann die Wohlfühlhormone Dopamin und Serotonin aus. Es ist also eine wichtige Aufgabe agiler Führungskräfte, die Voraussetzungen dafür zu schaffen, dass einzelne Teammitglieder möglichst viel autonom entscheiden können.

BEISPIEL: WIE AUTONOMIE FUNKTIONIERT

Bei einem agilen Prozess, der der Methode Scrum folgt, bekommt das Team Vorgaben, welche Funktionen für ein Produkt umzusetzen sind. Wie diese Funktionen in der Zusammenarbeit dann letztlich realisiert werden, wird vollständig dem Team überlassen.

Echter Frust entsteht dagegen bei Mitarbeitern, wenn sie engagiert an Projekten gearbeitet haben, wenn sie Aspekte diskutiert, entwickelt und entschieden haben – und dann von der Führungskraft einfach eine andere Entscheidung getroffen wird. Das verletzt Mitarbeiter nicht nur in ihrer Autonomie, sondern auch in ihrem Status. Besonders negativ wirken sich auch Erfahrungen mit »Scheinautonomie« aus. Immer noch finden in Unternehmen Meetings oder Workshops statt, in denen Mitarbeiter Ideen entwickeln und Lösungen erarbeiten sollen, die letztlich schon vorher feststanden. Führungskräfte wollen ihre Mitarbeiter mit solchen Veranstaltungen einbinden, ihnen das gute Gefühl geben, einen wesentlichen Beitrag zu leisten. Man meint es gut, weil man mal gelernt hat, dass man Betroffene zu Beteiligten machen muss, wenn Change funktionieren soll. Für die Mitarbeiter wird das Ganze jedoch zur Farce, sobald sie merken, dass alles schon vorher feststand. Demotivation und Vertrauensverlust können die Folge sein.

So räumen Sie Ihren Mitarbeitern die notwendige Autonomie ein:

- Schaffen Sie Transparenz darüber, wo Entscheidungsspielräume bestehen und wo nicht.
- Gestalten Sie die Freiräume so, dass sie den Erfahrungen und Kompetenzen der Teammitglieder entsprechen und sie nicht überfordern.
- Übergeben Sie wirkliche Verantwortung.
- Akzeptieren Sie die Ergebnisse und Entscheidungen einzelner Teammitglieder und des Teams.

R wie Relatedness (Zugehörigkeit)

Teil einer Gruppe zu sein, dazuzugehören, gesehen zu werden, geschätzt zu sein, gemocht zu werden – einige Neurobiologen sagen, dass das Zugehörigkeitsgefühl einer der stärksten Motivatoren ist (vgl. Bauer). Und andersherum demotiviert und stresst es Mitarbeiter, ausgeschlossen zu sein, mehr, als viele Führungskräfte glauben. Für agiles Führen bedeutet das konkret:

- Integrieren Sie neue Mitarbeiter so gut wie möglich ins Team: Lassen Sie ihnen Zeit und Raum zum Kennenlernen und Beziehungsaufbau und fördern Sie den informellen Austausch zwischen den Teammitgliedern.
- Gestalten Sie den Teamprozess aktiv, sodass Zusammenhalt entstehen kann (siehe Kap. »Teams entwickeln«).

F wie Fairness

Ob Mitarbeiter eine Führungskraft gut oder schlecht finden, hängt häufig unmittelbar damit zusammen, ob sie deren Verhalten und Entscheidungen fair finden. Häufig als unfair erachtet wird Folgendes:

- Hohe Gehälter der Topmanager
- Das Streichen von Reisebudgets und Fortbildungen, während Führungskräfte weiterhin Business Class fliegen oder in der 1. Klasse mit der Bahn reisen.
- Willkürlich erscheinende Bevorzugung mancher Kollegen, so zum Beispiel bei der Besetzung von Stellen

Was bedeutet das konkret für Sie als Führungskraft?

- Achten Sie auf Gerechtigkeit bei der Aufgabenverteilung, Bezahlung und der Anerkennung für Leistung.
- Sorgen Sie dafür, dass Entscheidungen nachvollziehbar sind.
- Lassen Sie Ihre Mitarbeiter bei den Kriterien für die Verteilung von Vorteilen mitbestimmen.
- Achten Sie auf Ihre Taten. Man misst Sie nicht nur an Ihren Worten.

Mitarbeiter empowern

Es ist eine Aufgabe agiler Führungskräfte, die Stärken ihrer Mitarbeiter zu kennen und weiterzuentwickeln. Dafür ist es wichtig, gute Leistungen und positive Entwicklungen zu würdigen und Entwicklungsbedarfe durch geeignetes Feedback und Coaching zu begleiten.

»Empowerment«, die Ermächtigung der Mitarbeiter zum eigenverantwortlichen Handeln, »ist das Schlüsselwort in diesem Zusammenhang und eine der neuen Kernaufgaben für Führungskräfte im agilen Kontext«, schreibt André Häusling in seinem Buch »Agile Organisationen«. Agile Führung basiert darauf, Verantwortung abzugeben. Das erfordert zum einen die Bereitschaft der Mitarbeiter sich weiterzuentwickeln und andererseits die Fähigkeit der Führungskraft, Verantwortung abzugeben und loszulassen. Beides gelingt nicht von heute auf morgen, sondern ist ein längerer Prozess.

Manche Mitarbeiter haben Sorge, den steigenden Anforderungen nicht gerecht werden zu können. Sie fühlen sich unsicher. Daher ist eine positive Haltung gegenüber Fehlern äußerst wichtig. Es ist dabei entscheidend, Fehler als Möglichkeit zum Lernen zu begreifen. Empowerment bedeutet auch, die Mitarbeiter zur Entdeckung ihrer Stärken zu ermutigen und sie zu Selbstbestimmung und Verantwortungsübernahme zu motivieren.

Leistung anerkennen – Leistungsfähigkeit erhalten

Neueste Studien aus der Hirnforschung belegen, dass eine ausgewogene Balance zwischen Anstrengung und Anerkennung für die Leistungen entscheidend ist, um Mitarbeiter nachhaltig gesund bzw. leistungsfähig zu erhalten (vgl. Bauer). Wenn diese Balance ins Ungleichgewicht gerät, also auf der einen Seite viel Leistungsdruck und ein hohes Maß an Anstrengung herrscht und es auf der anderen Seite nur wenig Anerkennung dafür gibt, dann werden Mitarbeiter krank. So drastisch sich das anhört, so klar ist es jedoch durch Studien bewiesen. Berücksichtigt man diese Erkenntnisse, bedeutet gute Führung, eine Kultur der Anerkennung und Wertschätzung zu schaffen.

> Anerkennen ist nicht gleichbedeutend mit loben. Es hat nichts zu tun mit leeren Floskeln wie »Toll gemacht!«, und es ist auch keine Technik.

Echte Anerkennung ist ein komplexes Konstrukt. Anerkennung zu geben heißt vor allem, den anderen zu »sehen«, ihn wertzuschätzen und ihm und dem, was er tut, eine Bedeutung zuzumessen (vgl. Bauer, S. 29). Das schließt auch ein, Kritik in wertschätzender Art und Weise zu äußern, ohne sein Gegenüber zu demütigen.

Menschen haben das biologische Grundbedürfnis nach Anerkennung und nach Zugehörigkeit, sozialer Verbundenheit, danach, kreativ zu sein und etwas zu gestalten und nützlich zu sein. All diese Grundbedürfnisse kann Arbeit befriedigen. Sie kann uns daher glücklich und gesund machen. Wenn wir echte Anerkennung und Wertschätzung erfahren, schüttet unser Gehirn Glückshormone aus. Wenn Wertschätzung und Anerkennung wegfallen, wenn es kein soziales Miteinander gibt, wenn andere uns unfreundlich begegnen, wenn wir Angst oder hohen Leistungsdruck verspüren, produziert unser Gehirn die Stressbotenstoffe Adrenalin, Noradrenalin und Cortisol. Das schädigt das Immunsystem sowie das Herz-Kreislauf-System und kann obendrein langfristig zu Depressionen führen – und es beeinträchtigt die Leistungsfähigkeit (Bauer, Joachim: https://www.youtube.com/watch?v=UrlXVC4CtRI; abrufbar via QR-Code am Anfang der Seite). Auch Überregulierung kann auf Dauer krankmachen. Menschen, die viel leisten, brauchen Gestaltungsspielräume (siehe hierzu auch das Kap. »Motivieren«).

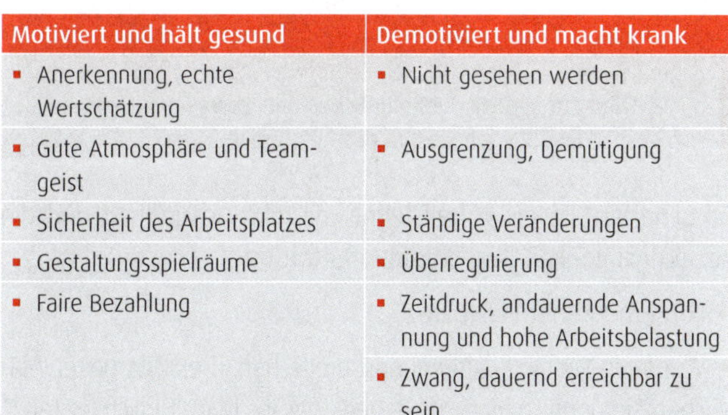

Motiviert und hält gesund	Demotiviert und macht krank
▪ Anerkennung, echte Wertschätzung	▪ Nicht gesehen werden
▪ Gute Atmosphäre und Teamgeist	▪ Ausgrenzung, Demütigung
▪ Sicherheit des Arbeitsplatzes	▪ Ständige Veränderungen
▪ Gestaltungsspielräume	▪ Überregulierung
▪ Faire Bezahlung	▪ Zeitdruck, andauernde Anspannung und hohe Arbeitsbelastung
	▪ Zwang, dauernd erreichbar zu sein

Kein Mensch ist wie der andere und so sind auch die Bedürfnisse individuell sehr unterschiedlich ausgeprägt. Gute Führungskräfte gehen nicht einfach von ihren eigenen Bedürfnissen aus, sondern beobachten ihre Mitarbeiter und erkennen, wer zum Beispiel mehr Anerkennung braucht als andere. Wir erleben immer wieder Führungskräfte, die selbst anscheinend wenig Anerkennung und Bestätigung von außen brauchen und daher auch wenig davon an ihre Mitarbeiter geben. Das kann fatale Folgen haben, wie Untersuchungen, so beispielsweise die alljährliche Gallup-Studie, belegen: Wenn Mitarbeiter gehen, tun sie das in erster Linie wegen ihrer Führungskräfte, nicht wegen des Unternehmens. Das hat häufig mit fehlender Anerkennung zu tun.

Führungskräfte haben Vorbildfunktion. Nur wer selbst eine gesunde Arbeitsweise lebt, kann in seinem Team eine entsprechende Kultur schaffen. Das bedeutet unter anderem, sich selbst an die Arbeitszeiten zu halten und abends sowie am Wochenende keine E-Mails zu schreiben.

> Achten Sie auch auf Ihre eigenen Bedürfnisse. Verschaffen Sie sich genügend Zeit zur Regeneration, für Schlaf und Bewegung. Ernähren Sie sich gesund und pflegen Sie Ihre privaten Beziehungen.

So schaffen Sie ein Arbeitsklima, das die Gesundheit und die Leistungsfähigkeit Ihrer Mitarbeiter fördert:

- Fordern Sie nur Leistbares.
- Würdigen Sie die Anstrengungsbereitschaft Ihrer Mitarbeiter. Machen Sie deutlich, dass Sie sehen, was Ihr Team täglich leistet.
- Nehmen Sie eine wohlwollende Perspektive ein: Richten Sie den Fokus auf die Stärken und nicht auf die Schwächen.
- Zeigen Sie, dass Sie Ihre Mitarbeiter wertschätzen – manchmal reichen hier schon kleine Gesten, so zum Beispiel ein »Danke«.
- Schaffen Sie Gestaltungsspielräume.
- Gehen Sie mit gutem Vorbild voran: Gönnen Sie sich selbst die notwendige Entspannung nach Phasen der Anspannung.

Teams entwickeln

Agiles Führen bedeutet, Teamentwickler und Gestalter von Veränderungen zu sein. Ein Team ist nicht die Summe der Individuen, die im Team sind, sondern es ist viel mehr. Teams spielen im agilen Prozess eine große Rolle. Ohne Team, in dem sich eine Gruppe von Menschen mit unterschiedlichen Expertisen ergänzt und aufeinander bezogen zusammenarbeitet, ist agiles Arbeiten nicht möglich. Je besser die Zusammenarbeit im Team ist, desto erfolgreicher ist letztendlich das Ergebnis, das gemeinsam erreicht wird. Eine wichtige Aufgabe des agilen Führens ist es daher, das Team zu entwickeln. Es geht darum, alle Beteiligten dazu zu befähigen, sich weiterzuentwickeln, zu lernen, als Team zusammenzufinden, funktionale Strukturen zu entwickeln, zu verwerfen und neu zu entwickeln.

Als Teamentwickler interveniert die agile Führungskraft, um das Team dazu zu befähigen, die sich stellenden Herausforderungen zu lösen. Keine leichte Aufgabe, die jedoch umso besser gelingt, je mehr Sie über Gruppendynamik, Teamrollen und die Phasen wissen, die ein Team typischerweise durchläuft.

Die Teamphasen

Der Psychologe und Organisationsberater Bruce Tuckman hat bereits in den 1960er-Jahren ein Modell zur Teamentwicklung entworfen. Es wird auch heute noch herangezogen, wenn es um die Darstellung der einzelnen Teamphasen geht.

Teamphasen nach Tuckman	
Forming	Einstiegs- und Findungsphase (Kontakt)
Storming	Auseinandersetzungsphase (Konflikt)
Norming	Regelungs- und Vereinbarungsphase (Kontrakt)
Performing	Arbeits- und Leistungsphase (Kooperation)
Adjourning	Auflösungsphase (Kehraus)

Phase Nr. 1: Forming – die Einstiegs- und Findungsphase

Die erste Phase der Teamentwicklung ist durch die Suche nach Orientierung gekennzeichnet. Jeder versucht, sich im neuen Team zurechtzufinden: Worum wird es gehen? Wie werden die anderen Teammitglieder sein? Wie die Führungskraft? Werde ich mich einbringen können? Mich wohlfühlen? Die Teammitglieder wollen zeigen, welche Erfahrungen sie haben, welche Leistungen sie bisher erbracht haben. Es findet ein wechselseitiges »Abchecken« statt.

Die Aufgaben der agilen Führungskraft: In dieser Phase sind Sie in erster Linie als Sinngeber und Visionär gefragt. Es geht darum, den Teammitgliedern Orientierung zu geben, und zwar im Hinblick auf Sinn und Vision, die Ziele und Aufgaben, die Rollen und die Regeln.

Es ist wichtig, dafür zu sorgen, dass die Teammitglieder sich kennenlernen, dass sie den Sinn der Aufgabe bzw. des Projektes erkennen können und dass sie alle notwendigen Informationen erhalten, um loslegen zu können. Es braucht Antworten auf Fragen wie diese: Was sind die Ziele unserer Arbeit? Wer hat welche Rolle? In welcher Form arbeiten wir hier zusammen? Welche Abstimmungsmeetings gibt es?

Phase Nr. 2: Storming – die Auseinandersetzungsphase

In der zweiten Phase kommt es zwischen den Teammitgliedern häufig zu Unstimmigkeiten über Prioritätensetzungen, Arbeitsweisen und Bedürfnisse. Es werden Unterschiede sicht- und spürbar. Die Teammitglieder handeln in der Gruppe ihren jeweiligen Status aus und erleben Konkurrenz. Dadurch können Spannungen und Konflikte entstehen. Immer wieder wird in dieser Phase die Frage nach dem Sinn der Aufgabe bzw. des Projektes gestellt. Ein typisches Symptom der Stormingphase sind endlose Diskussionen über Details. Die Motivation sinkt. Häufig stellen Teammitglieder in dieser Phase auch die Leitung infrage – ähnlich, wie in der Pubertät Jugendliche gegen ihre Eltern rebellieren.

Die Aufgaben der agilen Führungskraft: In dieser Phase sind Sie insbesondere als Moderator, Coach und Motivator gefragt. Es gilt, genau hinzuschauen, wie es den einzelnen Teammitgliedern geht und was sie brauchen. Konflikte sollten offen angesprochen und gemeinsam geklärt werden. Das Erarbeiten von Teamregeln zur Zusammenarbeit und Kommunikation und das Klären wechselseitiger Erwartungen und Rollen ist jetzt wichtig und hilfreich. Als Unterstützer Ihres Teams sollten Sie störende Rahmenbedingungen aus dem Weg räumen. Ermuntern Sie Ihre Mitarbeiter dazu, selbst Lösungen für Probleme zu finden. Im Scrum ist dies die klassische Phase für Retrospektiven (siehe hierzu näher das gleichnamige Kapitel).

Phase Nr. 3: Norming – die Regelungs- und Vereinbarungsphase

In dieser Phase diskutiert das Team Normen und Regeln und definiert sie häufig neu. Manchmal werden dann auch Rollen anders verteilt. Im besten Fall erkennen alle den Mehrwert ihrer Unterschiedlichkeit und beginnen, diese für die gemeinsame Zielerreichung zu nutzen. Die Beziehungen sind jetzt harmonischer. Die wechselseitige Akzeptanz steigt und die Zusammenarbeit wird immer besser.

Die Aufgaben der agilen Führungskraft: In dieser Phase sind Sie in erster Linie Moderator. Es gibt viel zu klären, so z. B. folgende Fragen: Wie oft treffen wir uns? Wie laufen unsere Meetings ab und was ist deren Ziel? Wie lange dauern sie? Wer moderiert? Wer dokumentiert? Wer wird anschließend informiert? Wer ist für welche Themen verantwortlich? Gleichzeitig sollten Sie die Selbststeuerung der Gruppe unterstützen. Im Scrum ist auch dies die klassische Phase für Retrospektiven (siehe hierzu das gleichnamige Kapitel). Wichtig ist hier, dass das Team genügend Zeit hat für die Klärung der Prozesse. Eventuell bedeutet das, dass die eigentliche Arbeit dafür hin und wieder zurückgestellt wird.

Phase Nr. 3: Performing – die Arbeits- und Leistungsphase

Die Leistung der Teammitglieder pendelt sich während dieser Phase auf hohem Niveau ein. Im Team herrscht jetzt eine Atmosphäre der Akzeptanz, im Idealfall der Wertschätzung. Alle arbeiten erfolgreich und selbstständig zusammen. Rollen können flexibel zwischen Personen wechseln. Die Teammitglieder gehen offen miteinander um, kooperieren und helfen sich. Man könnte sagen, es entsteht eine Art »familiäre Atmosphäre«, wobei einige engeren Kontakt zueinander haben können als andere. Fehler, Unterschiede oder auch Konflikte werden offen angesprochen und geklärt.

Die Aufgaben der agilen Führungskraft: In dieser Phase kommt es darauf an, das Team zu Innovationen, kreativer Zusammenarbeit und Höchstleistung zu motivieren. Es braucht dafür attraktive Ziele und weiterführenden Sinn für die laufende Tätigkeit.

Phase Nr. 4: Adjourning – die Auflösungsphase

Die Phase des Adjourning ist nur für solche Teams relevant, die nach Abschluss ihres Auftrags getrennte Wege gehen, wie beispielsweise Projektteams. Manche Teammitglieder sind traurig über das bevorstehende Ende und machen sich Gedanken über die Zeit nach der Arbeit im Team.

Die Aufgaben der agilen Führungskraft: Feiern Sie Ihre Erfolge gemeinsam! Würdigen Sie Geleistetes. Nutzen Sie diese Phase für Feedback. Im Scrum ist dies die klassische Phase für ein Review.

> Das Phasen-Modell nach Tuckman ist und bleibt ein Modell – und damit eine vereinfachte Abbildung der facettenreichen Realität. Dennoch sind in der Praxis häufig genau diese Phasen zu beobachten. Nicht jedes Team wandert dabei durch alle Phasen und die Mitglieder befinden sich auch nicht immer alle in der gleichen Phase.

Selbstorganisation im Team unterstützen

Wenn in einer Organisation Entscheidungen nur von Führungskräften getroffen werden (dürfen), dann werden diese häufig zum Nadelöhr. Die Folge: Das Unternehmen bewegt sich nur langsam – zu langsam für die VUKA-Welt.

Teams zu befähigen, Entscheidungen selbst zu treffen, wird daher immer mehr zum relevanten Erfolgsfaktor. Der Schlüssel dazu heißt Selbstorganisation. Ein selbstorganisiertes Team entscheidet eigenverantwortlich, was die nächsten Schritte sind und wer dabei welche Aufgaben übernimmt. Dazu schätzt es selbst den Aufwand für die Aufgaben ein. Selbstorganisation bedeutet intensive Kommunikation im Team: Wo immer es nötig ist, sind die Beteiligten im direkten Austausch miteinander und unterstützen sich wechselseitig. Selbstverantwortung heißt aber nicht, dass die Führungskräfte nicht führen! Deren Aufgabe ist es, die Rahmenbedingungen so zu gestalten, dass Teams eigenverantwortlich und selbstorganisiert arbeiten können. Dazu gehört es, Verantwortung zu übertragen, die Strukturen anzupassen, die Organisation zu entwickeln und Wissen zu teilen.

Wie Selbstorganisation entsteht

Teammitglieder interagieren nach (gemeinsam) entwickelten einfachen Regeln so, dass aus Chaos Ordnung wird. Auch die Vision kann gemeinsam herausgearbeitet werden. Sie muss nicht vorher bestehen.

BEISPIEL: VON DEN GROSSEN LERNEN

Wikipedia wurde dank ehrenamtlichem Engagement und Selbstorganisation zur größten Enzyklopädie des Internets. Gearbeitet wird an dieser riesigen Wissensdatenbank ganz ohne ordnende, entscheidende, kontrollierende Führungskräfte. Die Redakteure und Autoren sind motiviert, einen Beitrag zu etwas zu leisten, was sie selbst als Sinn erleben. Und trotzdem basiert die Arbeit auf Regeln! Diese haben sich die Redakteure und Autoren selbst entwickelt, und sie verändern sie auch, wenn es nötig ist.

Die Non-Profit-Organisation Buurtzorg hat es geschafft, sich in knapp zehn Jahren zum größten Anbieter mobiler Pflege in den Niederlanden zu entwickeln. Kern der Organisation sind kleine, weitgehend selbstverantwortlich agierende Pflegekräfte-Teams aus nachbarschaftlichen Netzwerken. Höhere Qualität in der Pflege, bessere Arbeitsbedingungen für die Beschäftigten und eine höhere Wirtschaftlichkeit sind die überzeugenden Ergebnisse dieser Selbstorganisation.

Selbstorganisation funktioniert, wenn

- es ein gemeinsames Anliegen gibt, also eine sinnstiftende Identifikation (vgl. auch das Kap. »Sinn vermitteln«), und
- Regeln für die Zusammenarbeit vereinbart werden.

Die folgenden agilen Methoden und Techniken unterstützen Teams bei der Selbstorganisation:

- Im Daily Stand-up-Meeting (siehe das gleichnamige Kapitel) bringen sich alle wechselseitig auf den aktuellen Stand.
- In der Retrospektive (siehe das gleichnamige Kapitel) werden die Ergebnisse und Erfahrungen gemeinsam reflektiert.
- Visualisierungen auf großen Wandplakaten (je nach verwendeter Methode auch Kanban- oder Scrum-Board genannt) helfen, den Überblick zu behalten, und schaffen Transparenz.

- Delegation spielt eine wichtige Rolle bei der Führung selbstorganisierter Teams. Mit dem Modell »Stufen der Entscheidung« (siehe das gleichnamige Kapitel) kann zum Beispiel über das Ausmaß an Delegation verhandelt werden.

Die Belbin-Teamrollen

Neben inhaltlichen Rollen, die definieren, wer für welche Aufgaben verantwortlich ist, gibt es in Teams auch Teamrollen. Der Psychologe und Managementtheoretiker Meredith Belbin entwickelte im Zuge seiner Forschung ein Modell unterschiedlicher Rollen, die in erfolgreichen Teams zu finden sind. Es geht davon aus, dass eine Person mehrere sehr unterschiedliche Rollen einnehmen kann, abhängig von dem Projekt, der Führung, den anderen Teammitgliedern und davon, welche Rollen bereits besetzt sind. Natürlich passt nicht jede Persönlichkeit in jede Rolle. Es gibt Rollen, die besser zu bestimmten Persönlichkeiten passen. Dieses dynamische Verständnis korrespondiert wunderbar mit der Idee des agilen Führens.

Belbin unterscheidet drei Hauptorientierungen mit jeweils drei Rollen:

1. Handlungsorientierte Rollen: Macher (Shaper), Umsetzer (Implementer), Perfektionist (Completer, Finisher)
2. Kommunikationsorientierte Rollen: Koordinator/Integrator (Co-ordinator), Teamarbeiter/Mitspieler (Teamworker), Wegbereiter/Weichensteller (Resource Investigator)
3. Wissensorientierte Rollen: Erfinder (Plant), Beobachter (Monitor Evaluator), Spezialist (Specialist)

Nach Belbin arbeiten Teams dann effektiv, wenn sie aus einer Vielzahl heterogener Rollen bestehen. So ist es wichtig, immer wieder gemeinsam zu reflektieren:

- Haben wir alle Rollen, die wir augenblicklich brauchen? Welche Rollen fehlen uns? Woran könnte das liegen?
- Was können wir dafür tun, damit alle nötigen Rollen gelebt werden können?
- Wie können wir alle Potenziale ausschöpfen?

Manchmal werden Rollen nicht oder nur sehr ungern eingenommen, da es vermeintlich keine oder wenig Anerkennung dafür gibt. Hier sind Führungskräfte gefragt, sich das bewusst zu machen, um dann für diese Rollen eine besondere Wertschätzung zu entwickeln. Das kann einem bei bestimmten Rollen, die der eigenen Persönlichkeit am ehesten widersprechen, schon mal schwerfallen. Dabei hilft es, sich immer wieder vor Augen zu führen, dass gerade Ergänzung und Heterogenität für Innovation und den Erfolg eines Teams wichtig sind.

Welche Rolle gerade wichtig ist, ist abhängig von den Phasen der Zusammenarbeit. Daher kann es sinnvoll sein, dass unterschiedliche Rollen in verschiedenen Phasen die Führung übernehmen.

> Agiles Führen beginnt bereits beim Recruiting neuer Mitarbeiter. Achten Sie bei der Zusammenstellung Ihres Teams darauf, dass die künftigen Teammitglieder sich mit den agilen Werten identifizieren können.

Veränderungen managen

Agil zu führen bedeutet, beständiger Gestalter von Veränderungen zu sein. Wir erinnern uns an das Agile Manifest: »Die Reaktion auf Veränderung ist wichtiger als das Befolgen eines Plans«. Voraussetzung für agiles Führen ist also eine positive und optimistische Einstellung gegenüber Veränderungen. Auch hier spielt wieder das innere Mindset eine wesentliche Rolle (siehe dazu bereits Kap. »Das agile Mindset: ohne geht es nicht«). Wie Sie auf agile Weise mit Veränderungen umgehen und Ihren Mitarbeitern den Umgang damit leichter machen, haben wir im Folgenden zusammengefasst.

Wie Sie die ideale Basis für Veränderungen schaffen

- Würdigen Sie die Vergangenheit. Mitarbeiter können bei Veränderungen viel leichter mitgehen und sich von liebgewonnenen Ritualen, Prozessen, Formaten etc. verabschieden, wenn das, was war, wertgeschätzt und ehrlich gewürdigt wird. Sobald sie das Gefühl haben, dass nur noch das Neue im Fokus steht, während das »Alte« abgewertet wird, werden sie die Vorteile des Bisherigen betonen und am Alten festhalten. Das passiert automatisch. Es ist ein psychologisches Gesetz, weil Menschen Veränderungen tendenziell eher ängstlich begegnen.
- Nehmen Sie Einwände ernst, hören Sie aufmerksam zu.
- Beteiligen Sie die Mitarbeiter aktiv an der Veränderung und betonen Sie die Verantwortung aller für den Erfolg immer wieder.

Wie Sie Veränderungen kommunizieren können

- Dialog vor Monolog: Suchen Sie das Gespräch, den verbalen Austausch. Lassen Sie Fragen und Diskussionen zu.
- Gruppen vor Einzelpersonen: Vermeiden Sie Gerüchte und Flüsterpost. Holen Sie alle mit ins Boot und nicht nur wenige Eingeweihte.
- Rechtzeitigkeit vor Vollständigkeit: Viele Führungskräfte warten zu lange, bis sie Veränderungen kommunizieren. Das kann fatal sein. Wenn die Mitarbeiter aus anderen Quellen früher etwas erfahren, kann das zu einem Vertrauensverlust führen. Trauen Sie sich, auch »unfertige« Pläne zu kommunizieren.
- Regelmäßigkeit vor Notwendigkeit: Bringen Sie ein Thema immer wieder auf den Tisch, auch wenn es dazu keine Neuigkeiten gibt. Nur so bekommen Sie mit, wie die Stimmung ist.
- Direkt mündlich vor indirekt schriftlich: Suchen Sie das persönliche Gespräch. Emotionen lassen sich mündlich besser vermitteln als auf einem Schreiben der Geschäftsleitung.
- Bringschuld vor Holschuld: Informieren Sie proaktiv.

Achten Sie bei der Kommunikation von Veränderungen darauf, dass Sie auf die folgenden Fragen Antworten haben oder zumindest gemeinsam Antworten finden können.

Jeder Mitarbeiter fragt sich bei anstehenden Veränderungen	
Warum das Ganze?	Was ist das Ziel?
Kann ich das?	Bin ich dem Neuen gewachsen? Verfüge ich über die nötigen Kompetenzen? Habe ich eine Chance, mir diese anzueignen?
Will ich das?	Was an dem Neuen ist für mich attraktiv? Was ist attraktiver als zuvor? Was habe ich davon?

Innovation fördern

High Performance Teams sind immer auch innovative Teams. Eine groß angelegte Untersuchung (vgl. Hofert, S. 33) beschäftigte sich mit der Frage, welche Faktoren Innovation fördern. Die Ergebnisse: Am stärksten beeinflusst eine Teamvision Innovation. Menschen mit einer klaren gemeinsamen Vision können stärkere innovative Kräfte mobilisieren.

Weitere Faktoren sind:

- **Unterstützung,** welche die Teammitglieder dafür erhalten, Neues zu entwickeln.
- **Gruppenzusammenhalt:** Je mehr Freude ein Team daran hat zusammenzuarbeiten, desto kreativer ist es.
- **Leistungsorientierung:** Intrinsisch, also aus sich selbst heraus motivierte Mitarbeiter tragen mehr zu Innovationen bei.
- **Transparente Kommunikation:** Wenn Informationen, Erfahrungen und Wissen geteilt werden, wenn Mitarbeiter sich wechselseitig Rückmeldungen geben und neue Lösungsansätze offen diskutieren, fördert dies Innovation.

Tipps für ein innovationsfreundliches Klima

- Schaffen Sie Anregungen; lernen Sie Neues kennen: Laden Sie andere ein, schauen Sie sich andere Unternehmen an, holen Sie sich immer wieder Input von außen.
- Kreieren Sie Freiräume für einen Austausch, sowohl räumlich als auch zeitlich.
- Experimentieren Sie und achten Sie darauf, dass neue Ideen Wertschätzung erfahren.
- Begreifen Sie Fehler als die Chance zu lernen.
- Entwickeln Sie eine Vision.

Das A und O des agilen Führens: Kommunikation

Diskussionen, Informationsaustausch, Konfliktklärung, Feedback – das Fundament für agiles Führen ist Kommunikation. In Dialog treten auf Augenhöhe, lautet das Motto.

In diesem Kapitel erfahren Sie u. a.,

- wie Sie mit Worten und Ihrer Körpersprache wirken,
- warum das Unterbewusstsein immer ein Wörtchen mitzureden hat,
- was Kommunikation mit Tanzen zu tun hat,
- wie Sie Ihre Mitarbeiter coachen können.

Der Körper beginnt – der Kopf folgt

Wie wir inzwischen aus der Forschung wissen, beginnt Kommunikation im Körper und nicht im Kopf (siehe zum Beispiel Storch). Das heißt, die Art und Weise, wie ich stehe und sitze, ob aufrecht oder gebeugt, ob ich Blickkontakt halte oder nicht, hat nicht nur Einfluss darauf, wie ich auf mein Gegenüber wirke, sondern auch auf mich selbst: Es beeinflusst meine Wortwahl, die Lautstärke, in der ich rede, meine Art zu sprechen und vor allem auch, welche Gedanken ich mir mache, welche Ideen mir einfallen. Der Körper beginnt – der Kopf folgt!

> Wir wirken immer in zwei Richtungen: nach innen auf uns selbst und nach außen auf andere.

Wenn ich gebeugt stehe und meinen Blick senke, dann glaubt mein Gehirn, dass die Art und Weise, wie ich hier stehe, eine Bedeutung hat, also wahrscheinlich die, dass ich nichts Wichtiges zu sagen habe. Es folgt dann dieser Annahme, schüttet die entsprechenden Botenstoffe aus und lässt mich auch wirklich nichts Wichtiges denken und sagen. Wenn ich dagegen aufrecht stehe, den Kopf gerade, den Blickkontakt meines Gegenübers haltend, dann wird meine Stimme lauter und fester, mein Gehirn kommt in Schwung und produziert Ideen. Es ist ein sich selbst verstärkendes System: Der Körper spiegelt das Selbstbewusstsein und führt zu einem bestimmten Verhalten, was wiederum auf den Körper wirkt und erneut auf das Selbstbewusstsein.

Unsere Einstellung beeinflusst die (Körper-)Sprache und unsere (Körper-)Sprache beeinflusst wiederum unsere Einstellung. Machen wir uns diese Erkenntnis bewusst, können wir ganz gezielt unsere Stimmung oder Einstellung innerhalb eines Gesprächs verändern. Probieren Sie es aus: Setzen Sie sich in einem Meeting mal ganz gezielt anders hin, bewegen Sie Ihre Arme anders, verändern Sie den Blickkontakt zu den Anwesenden.

Am besten auf Augenhöhe

Ein wichtiges Grundkonzept sowohl in der Zusammenarbeit innerhalb eines agilen Teams als auch in der agilen Führung ist das Konzept der Augenhöhe. Während wir allgemein intuitiv wissen, was eine Beziehung auf Augenhöhe ist, ist deren konkrete Beschreibung nicht ganz so einfach. In der Improvisation ist dies allerdings äußerst detailliert untersucht und ausformuliert worden. Eine Grundlage dazu bildet die Arbeit von Keith Johnstone, einem der Begründer des Improvisationstheaters. Er spricht in diesem Zusammenhang von »Status«. Die Statusbeziehung der Spieler in einer improvisierten Szene gehört zu den entscheidenden Schlüsseln, die über das Gelingen oder Misslingen der Szene entscheiden. Es lohnt sich, einen Blick auf die Erkenntnisse der Improvisation zum Thema Status zu werfen. Denn hier lässt sich so einiges über Kooperation in agilen Teams und deren Leitung lernen.

Agiles Arbeiten verlangt von den einzelnen Mitarbeitern und den Teams ein hohes Maß an sozialer Kompetenz: Die Kommunikation sollte klar, offen und fair sein, die Bereitschaft, Verantwortung zu übernehmen, sollte hoch sein und die Ressourcen aller Mitarbeitenden sollten ausgeschöpft werden. Bei all diesen Zielen spielt der Status eine entscheidende Rolle.

Statusverhalten

Statusverhalten zeigen wir in jeder Situation. Es ist uns angeboren und findet in der Regel unbewusst statt. Ein Blick in das Tierreich verdeutlicht, wie tief verankert es ist. Wir alle kennen Statusverhalten bei Hühnern oder Wölfen. Es dient gleichzeitig dem friedlichen Zusammenleben wie auch dem Behaupten des eigenen Ranges in einer Hack- oder Rudelordnung. Auch Menschen haben eine hohe intuitive Kompetenz, Status korrekt auszudrücken und Status korrekt zu erkennen. Unser Vorteil gegenüber den Tieren ist, dass wir Statusverhalten auf die bewusste Ebene heben und unser Verhalten analysieren und anpassen können.

Die Sicht auf unser Statusverhalten wurde in den 1970er-Jahren durch die Ideen des Dramaturgen und Schauspiellehrers Johnstone maßgeblich beeinflusst. Er definierte Statusverhalten situations- und prozessorientiert: In jeder Interaktion senden Personen bewusst oder unbewusst Statussignale aus und vermitteln einem Kommunikationspartner damit ein Gefühl von Über- bzw. Unterlegenheit. Einen neutralen Status gibt es dabei nicht, so dass sich bei jeder Interaktion ein Statusgefälle zeigt. Johnstone hat zur Visualisierung dieses Prinzips den Begriff der

Statuswippe eingeführt. Sie charakterisiert die Dynamik des Statusspiels: Bewegt sich einer nach oben (Hochstatus), geht der andere nach unten (Tiefstatus). Eine gelungene Kommunikation auf Augenhöhe zeichnet sich durch eine Wechseldynamik aus: Mal ist der eine oben, mal der andere.

Statussignale

Mit den sogenannten Statussignalen vermitteln wir unserem Gegenüber, in welchem Status wir uns in Bezug auf ihn gerade befinden. Dabei spielt die verbale Kommunikation, also das, was wir sagen, eine untergeordnete Rolle. Statussignale werden hauptsächlich durch unsere Körpersprache (nonverbal) und unsere Stimme und Sprechweise (paraverbal) übermittelt.

Verhaltensweisen, mit denen wir anderen einen hohen Status, also Überlegenheit, signalisieren:

- fester Blickkontakt
- aufrechte Körperhaltung
- lautes Sprechen
- ausladende Sitzhaltung oder Bewegungen
- ungebetene Berührungen des anderen
- Gesprächsinitiative ergreifen
- das Gesprächsthema bestimmen
- den anderen unterbrechen

Verhaltensweisen, mit denen wir anderen ein Unterlegenheitsgefühl, den sogenannten Tiefstatus, signalisieren:

- ausweichender Blick
- hochgezogene Schultern
- sich klein machen, wenig Raum einnehmen
- leises Sprechen
- verhaltene Bewegungen
- dem anderen ausweichen
- keine Gesprächsinitiative ergreifen
- viele Füllworte wie »ähm« oder Relativierungen benutzen, wie z. B. »eventuell«
- sich in das Gesicht oder in die Haare fassen

Natürlich kann man nicht durch die Beobachtung eines einzelnen Statussignals auf das Statusverhalten insgesamt schließen. Die Sicht auf die Summe der Signale im Zusammenspiel mit dem Gegenüber lässt aber zuverlässige Rückschlüsse darauf zu, ob sich jemand in einer Situation unter- oder überlegen fühlt. Dabei ist es auch wichtig zu wissen, dass Statussignale stark kulturell geprägt sind. Die hier beschriebenen Statussignale lassen sich also nicht unmittelbar auf andere Kulturen übertragen.

Wenn das Statusverhalten im Kontext einer Situation oder bezogen auf die Rolle der Person (also beispielsweise Führungskraft oder Mitarbeiter) nicht stimmig ist, kann es überheblich oder unterwürfig wirken. Vermeintliche Unterwürfigkeit kann dazu führen, dass man nicht ernst genommen wird. Vermeintliche Überheblichkeit kann arrogant wirken. Entscheidend ist also, das eigene Statusverhalten und die Signale der anderen wahrzunehmen und in ihrer Wirkung und Stimmigkeit korrekt einzuschätzen. Im nächsten Schritt ist dann die Fähigkeit gefragt, das eigene Statusverhalten der Situation angemessen verändern zu können.

Statusflexibilität und Lieblingsstatus

Es ist wichtig zu verstehen, dass es keinen guten oder schlechten bzw. richtigen oder falschen Status gibt. Der Hochstatus ist also nicht generell besser als der Tiefstatus. Entscheidend ist, dass man seinen Status einer Situation angemessen anpassen kann. Diese Fähigkeit nennt man Statusflexibilität. Sie zu erreichen und im Laufe einer Interaktion beizubehalten, ist oftmals gar nicht so leicht, da jeder einen Lieblingsstatus hat, den er nur ungern verlässt oder in den er immer wieder zurückfällt. Die einen fühlen sich mit einem hohen Status tendenziell wohler, die anderen mit einem tiefen Status. Der Lieblingsstatus verrät auch, ob eine Person eher sympathisch erscheinen oder sich Respekt verschaffen möchte. Die meisten Menschen neigen zum Sympathiefaktor und damit zu einem eher tiefen Status.

Es lohnt sich vor allem für Führungskräfte, den eigenen Lieblingsstatus zu erkennen und zu reflektieren, wann er unangemessen ist und das Erreichen von Zielen behindern könnte. Mehr zum Thema lesen Sie im TaschenGuide »Improvisationstechniken«.

Mit Worten wirken

Sprache spielt in der Mitarbeiterführung eine wichtigere Rolle, als viele ahnen. Bereits einzelne Worte haben große Wirkung. Und auch hier gilt: Wir wirken immer in zwei Richtungen – nach innen auf uns selbst und nach außen auf andere. Das heißt, die Sprache, die ich wähle, löst Emotionen in mir selbst aus, aktiviert bestimmte Botenstoffe in meinem Gehirn und Körper und bei demjenigen, mit dem ich spreche.

Hier ein paar der Worte mit großer Wirkung:

- Das Wörtchen »aber«: »Guter Vorschlag, aber ...«, »Du hast recht, aber...«, »Das war ein guter Vortrag, aber ...« – das Aber hat die Funktion einer Delete-Taste. Es löscht alles Positive, das wir davor gesagt haben. Was wirkt, ist ausschließlich das, was nach dem Aber kommt. Wenn wir hingegen »und« statt »aber« sagen, stellen wir unsere Ideen neben die Aspekte des Gegenübers und werten diese nicht ab.
- Verneinungen, wie »kein«, »nicht«: Immer wieder sagen Führungskräfte in bester Absicht Dinge wie: »Das soll jetzt keine Kritik sein«. Unser Gehirn kann solche Verneinungen schwer bis gar nicht verstehen. »Keine Kritik«, was hören Sie, was bleibt haften? Richtig: Kritik! Das Wort »Kritik« wirkt, das Wort »keine« dagegen nicht. Sagen Sie also nicht, was Sie nicht sagen wollen! Sagen Sie, was Sie sagen wollen.

Hinderliche Formulierungen	Hilfreiche Formulierungen
Ich will dich nicht angreifen.	Ich möchte dir ein Feedback geben.
Ich will nicht sagen, dass Sie das schlecht gemacht haben, aber ...	Sie haben das sehr gut gemacht. Es gibt ein paar Aspekte, die Sie noch besser machen können: ...
Das ist nichts gegen Sie!	Ich schätze Sie sehr.
Das soll jetzt kein Vorwurf sein ...	Meine Anregung an Sie: ...
Jetzt nicht falsch verstehen, aber ...	Ich meine das so: ...

- »Ich muss« oder »Du musst«: Das Wort »müssen« beraubt uns unserer Selbstbestimmung und Autonomie. Es löst im Unterbewusstsein fast unweigerlich eine Art Widerstand aus – niemand möchte müssen. Sagen Sie stattdessen: »Ich möchte, dass«, »Ich werde«, »Mir ist wichtig, dass du ...«, »Lass uns ...«
- Füllwörter wie »sozusagen, vielleicht, gegebenenfalls, eventuell, möglicherweise, quasi« lassen auf Unsicherheit schließen.
- Floskeln wie »Ehrlich gesagt« oder »Jetzt mal ehrlich« vermitteln dem Unterbewusstsein des anderen, wir wären sonst nicht ehrlich.
- Passivkonstruktionen wie zum Beispiel »Es wurde entschieden« wirken unklar. Andere können nicht erkennen, wer die handelnden Akteure sind.
- Wenn wir »man« sagen, werden wir sofort weniger präsent und sichtbar. Sagen Sie stattdessen »ich« und »wir«.

> Keine Regel ohne Ausnahme! Natürlich gibt es auch Situationen, in denen es sinnvoll ist, diese Worte ganz bewusst einzusetzen.

Beobachten Sie sich beim Sprechen, reflektieren Sie Ihre Sprache. Geben Sie Kollegen den Auftrag, bei einem Meeting einmal darauf zu achten, welche Worte Sie nutzen. Lassen Sie sich hinterher Feedback dazu geben. Allein das Bewusstmachen kann bereits ein erster Schritt in die richtige Richtung sein, Sprachgewohnheiten zu ändern.

Unser Unterbewusstsein spricht immer mit

Unsere Einstellung zu unserem Gegenüber, zu einem Thema oder zu einer ganzen Gruppe beeinflusst die Kommunikation erheblich. Wenn Sie zum Beispiel Vorbehalte gegen einen Ihrer Mitarbeiter haben, dann wird dieser es höchstwahrscheinlich merken, auch wenn Sie sich mit Worten, Tonfall und Gestik an alle Regeln der Kommunikation halten. Sie strahlen es trotzdem aus. Unser Unterbewusstsein, die innere Haltung, die Emotionen und all das, was wir über unser Gegenüber denken, prägen all das, was für andere sichtbar ist: den Blickkontakt, die Wortwahl, die Stimme, die Körperhaltung.

Es ist daher entscheidend, immer wieder unsere Einstellung zu anderen zu überprüfen. Um motivierende, gute Gespräche führen zu können, gilt es, immer wieder mit neuer Offenheit auf die Mitarbeiter zuzugehen, sich überraschen zu lassen und innerlich auf das zu achten, was Sie wirklich und ehrlich am anderen schätzen können.

Die Psychologie hat durch viele Experimente belegt, dass wir Menschen eine Art Wahrnehmungsfilter haben. Wir bestimmen selbst, was wir wahrnehmen.

BEISPIEL: WAHRNEHMUNGSFILTER

Wenn Ihr Mitarbeiter Müller zwei Mal zu spät zum Meeting kam und Ihnen das unangenehm aufgefallen ist, ist die Wahrscheinlichkeit sehr hoch, dass Ihr Gehirn ihn in die Schublade »Müller ist unpünktlich« steckt. Ihnen wird es nun jedes Mal aufs Neue auffallen, wenn Müller zu spät ist – und Ihr Urteil wird sich immer mehr verfestigen. All die vielen Male, die Herr Müller pünktlich ist, nehmen Sie dann gar nicht mehr wahr – die Aufmerksamkeitsfokussierung liegt auf der Unpünktlichkeit.

Es gibt mittlerweile diverse Übungen, die zeigen, dass wir, je nachdem, was wir gerade im Fokus haben, bestimmte Aspekte wahrnehmen und andere nicht. Wie stark dieser Wahrnehmungsfilter ist, zeigt ein Experiment, das Sie nur eine Minute Zeit kostet. Es ist abrufbar über den QR-Code oder über https://www.youtube.com/watch?v=9hV8-tEka4E

Es ist eine anspruchsvolle Führungsaufgabe, sich seiner Aufmerksamkeitsfokussierungen bewusst zu sein und sie immer wieder zu ändern, den Wahrnehmungsfilter in unserem Kopf also immer wieder neu zu justieren. Die folgende Reflexion hilft dabei.

Reflexion: Aufmerksamkeitsfokussierung

Beobachten Sie sich selbst: Worauf lenken Sie Ihre Aufmerksamkeit?

- Fokussieren Sie sich eher auf das, was nicht funktioniert? Auf das, was Sie nervt? Auf die Fehler? Oder doch eher auf das Positive?
- Wie »urteilen« Sie über einzelne Mitarbeiter? Was sehen Sie als ihre Stärken und was als ihre Schwächen?

Lenken Sie Ihre Wahrnehmung dann auf völlig neue Aspekte. Versuchen Sie, Ihre Mitarbeiter immer wieder so betrachten, als würden Sie sie gerade erst kennenlernen: Was fällt Ihnen auf? Was hören, was sehen Sie?

Gleiche Informationen für alle – dank osmotischer Kommunikation

Eine wichtige Basis der agilen Zusammenarbeit ist der gute Informationsaustausch im Team. Alle sollten dabei auf dem gleichen Stand sein. Dies setzt voraus, dass die wichtigen Infos im passenden Umfang und zur richtigen Zeit an alle Beteiligten weitergegeben werden. Die Basis dafür schafft die sogenannte osmotische Kommunikation. Ihr liegt die Annahme zugrunde, dass Menschen Gesprächsinhalte und damit Infos auch dann aufnehmen, wenn sie einfach nur im gleichen Raum anwesend sind. Aktiv teilnehmen müssen sie am Gespräch dafür nicht. Schafft man Raum für so einen informellen Austausch, gleichen sich die Informationsstände der Teammitglieder aneinander an – ähnlich wie die Osmose durch Teilchenaustausch ein Gleichgewicht diesseits und jenseits einer halbdurchlässigen Membran bewirkt. In gut funktionierenden Teams lässt sich dies in der Praxis auch tatsächlich beobachten. Dort werden wichtige Informationen beispielsweise bei informellen Gesprächen vor der

Kaffeemaschine oder in kurzen Diskussionen über die Bürotische hinweg ausgetauscht.

Als Führungskraft können Sie Strukturen schaffen, die diese einfache wie effiziente Art des Informationsflusses begünstigen. Dazu zählen beispielsweise gemeinsame Büros und Pausenbereiche sowie gemeinsame Aktivitäten. Es gibt jedoch Arbeitsumgebungen, in denen diese Kommunikation eher schwierig ist. Dazu zählen beispielsweise zu große Büros, in denen es bereits schwerfällt, sich überhaupt zu konzentrieren. Auch hat man dort das Gefühl, mit Zwischendurch-Gesprächen andere zu stören. In manchen Projekten herrscht auch eine Arbeitsatmosphäre, in der es nicht erwünscht scheint, sich Zeit für solche Gespräche zu nehmen. All diese Punkte lassen sich nicht leicht ändern. Aber möglich wäre es schon, wenn sich nur genügend Personen in einem Team oder Bereich dafür einsetzen würden. Vielleicht machen Sie ja hier einen Anfang, insbesondere als Führungskraft.

Sicher gibt es auch Projektrealitäten, die Sie nicht einfach verändern können. So arbeiten viele Teams verteilt auf verschiedene Büros, Gebäude oder sogar über Ländergrenzen hinweg. Dann stellt sich die Frage, wie man die daraus entstehenden Hemmnisse zugunsten einer osmotischen Kommunikation kompensieren kann. Eine mögliche Lösung können Chat-Tools sein. Chats bieten eine schnelle, informelle Art der Kommunikation. Ein Teammitglied, das an einer Stelle nicht weiterkommt, kann eine kurze Frage in den Chatroom schicken. Ein anderes, das sich an der Stelle auskennt, kann kurz antworten. Manchmal ist das Problem damit schon gelöst oder es schließt sich ein kurzes Telefonat daran an.

Zielorientierung – funktionales Denken

Viele Führungskräfte rennen von Meeting zu Meeting. Sie haben deswegen auch kaum Zeit, sich gut auf solche Zusammenkünfte vorzubereiten. Wir erleben in unserer Praxis sehr viele Meetings und Gespräche, in denen Führungskräfte zwar das Thema dafür benennen (»Heute geht es um …«), jedoch nicht das Ziel des Treffens (»Was ist das Ziel dieses Gesprächs? Was wollen wir damit erreichen?«). Dabei ist die Zielklärung immanent wichtig. Nur dann können Sie immer wieder innerlich prüfen, ob Sie auf dem richtigen Weg sind. Es ist hilfreich, diese Zielklärung bereits am Anfang des Gesprächs bzw. Meetings zu platzieren, sodass alle sich auf das Ziel oder die Ziele einstellen können. »Unser Ziel ist heute…«

Hilfreiche Fragen zu Zielklärung:

- Was soll nach dem Meeting anders sein als vorher?
- Woran können wir konkret erkennen, dass das Gespräch sinnvoll war?

Mögliche Ziele auf Prozessebene
▪ Informationen austauschen
▪ Überblick über offene Punkte erhalten
▪ Aufgaben verteilen
▪ Probleme analysieren
▪ Ursachen finden

Mögliche Ziele auf Prozessebene
▪ Lösungen und neue Ideen entwickeln
▪ Entscheidungen vorbereiten
▪ Entscheidungen treffen
Mögliche Ziele auf Beziehungsebene
▪ Sich wechselseitig ins Boot holen
▪ Verständnis für die Sichtweisen anderer gewinnen
▪ Sich wechselseitig inspirieren
▪ Motivieren
▪ Sich kennenlernen
▪ Rollen klären
▪ Gemeinsamkeiten und Unterschiede sichtbar machen
▪ Konflikte klären
▪ Als Team zusammenwachsen

Bei einigen ritualisierten Formaten agiler Meetings sind die Ziele per se klar. Es ist dennoch sinnvoll, sie auch hier transparent zu machen.

Meeting-Format Daily Stand-up und dessen Ziele	
Ziele auf Prozessebene	▪ Überblick gewinnen über aktuellen Stand ▪ Aufgaben verteilen
Ziel auf Beziehungsebene	Teamzusammenhalt fördern
Zusätzliche mögliche Zielsetzungen für die Führungskraft	▪ In Erfahrung bringen, welche Hindernisse es im Augenblick gibt, die es aus dem Weg zu räumen gilt (Klärungen mit anderen Schnittstellen, für notwendige Informationen, Inputs, Ressourcen sorgen etc.)

Meeting-Format Daily Stand-up und dessen Ziele	
	▪ Mitbekommen, wie die Stimmung im Team und bei einzelnen ist, um passende Aktionen anzugehen (Gespräche mit einzelnen Mitarbeitern, mit Gruppen, etwas für die Motivation tun etc.)
Meeting-Format Retrospektive und deren Ziele	
Ziele auf Prozessebene	▪ Verbesserungsideen für den Arbeitsprozess entwickeln und vereinbaren ▪ Know-how sichern
Ziele auf Beziehungsebene	▪ Die Zusammenarbeit reflektieren: Was läuft gut? Was nicht? ▪ Aus Erfahrungen für die Zukunft lernen ▪ Kommunikation verbessern und Teamzusammenhalt fördern
Zusätzliche Zielsetzung für die Führungskraft	In Erfahrung bringen, wie die Stimmung im Team und bei einzelnen ist, um passende Aktionen, so z. B. zur Motivation, anzugehen

Das zielgerichtete Vorgehen lässt sich auch auf die einzelnen Sequenzen in einem Gespräch übertragen, wenn Sie sich wie in einer inneren Qualitätskontrolle fragen: Was ist das Ziel/die Funktion meiner Frage? Was möchte ich damit bewirken? Was ist das Ziel/die Funktion dieser Methode? Was wollen wir mit diesem Schritt erreichen? So entwickeln Sie allmählich ein sogenanntes funktionales Denken, welches Sie immer wieder überprüfen lässt, wie zielführend das, was Sie gerade besprechen oder tun, ist.

1 – 2 – 3: Die Tanzschritte professioneller agiler Kommunikation

Gelungene, professionelle Kommunikation ist wie Tanzen. Es kommt darauf an, sich auf das Gegenüber einzustellen und sich mit ihm gemeinsam in eine Richtung zu drehen. Wie beim Tanz braucht es einen geeigneten Boden dafür, um sich darauf agil und im Einklang miteinander bewegen zu können. Diese Basis für gelingende Kommunikation ist aus unserer Sicht ein guter Kontakt zum anderen.

Tanzschritt Nr. 1: In Kontakt sein

»In Kontakt zu sein« hat viel mit der inneren Haltung zu tun: mit echtem Interesse an dem, was mein Gegenüber sagt, und mit echter Wertschätzung der Person. Vorgetäuschte Wertschätzung nach dem Motto: »Ach, ich muss ja auch noch was Positives sagen ...«, oder: »Wenn ich Herrn Müller lobe, fühlt er sich gut und dann macht er ... für mich.«, löst beim anderen genau das Gegenteil aus. Wir Menschen haben sehr feine Sensoren dafür, ob Wertschätzung ernst gemeint ist oder nicht.

> In Kontakt sein heißt auch, in Kontakt mit sich selbst zu sein, also die eigenen Bedürfnisse und Stimmungen wahrzunehmen.

Mitarbeiter ehrlich wert-zu-schätzen ist eine unabdingbare Voraussetzung für erfolgreiche Führung, unabhängig von allen Prinzipien, denen sie sonst folgt. Wertschätzung lässt sich lernen. Sie hat etwas mit Aufmerksamkeitsfokussierung zu tun.

So gelingt guter Kontakt

- Halten Sie Blickkontakt. Das ist die einfachste Art in Kontakt zu sein.
- Achten Sie aufmerksam auf die eigenen Gefühle und Stimmungen. Beobachten Sie ebenso aufmerksam Ihr Gegenüber.
- Nehmen Sie eine offene Körperhaltung ein. Die vereinfachenden Parolen aus Kommunikationstrainings, wie z. B. »Arme verschränken = Ablehnung«, sind inzwischen zwar widerlegt und überholt. Interessanterweise haben wir das alle aber einmal gelernt, und so kann es sein, dass im Unterbewusstsein unserer Mitarbeiter verschränkte Arme tatsächlich als ein Signal für Ablehnung verstanden werden.
- Spiegeln Sie Ihr Gegenüber: Greifen Sie seine »Sprache« auf und nutzen Sie sie.
- Achten Sie auch auf Positives und benennen Sie es. Zeigen Sie echte Wertschätzung.

Tanzschritt Nr. 2: Mit Fragen steuern

Für Führungskräfte, die motivieren und entwickeln möchten, ist es wichtig, ihre Mitarbeiter und deren Ängste und Stärken zu kennen. Dafür ist es hilfreich, gute Fragen stellen zu können. In unseren Coachings und Trainings fällt auf, dass viele Führungskräfte sich angewöhnt haben, hauptsächlich geschlossene Fragen zu stellen, also Fragen, die nur mit »Ja« und »Nein« beantwortet werden können. Damit kann jedoch kein echter, flüssiger Dialog entstehen. Offene Fragen dagegen, also solche, die mehr Raum zur Antwort lassen (Beispiele: Wie? Wer? Was?), laden den Gesprächspartner dazu ein, in einen echten Austausch zu treten.

Fragen sind ein mächtiges Instrument der Kommunikation. Sie haben eine nicht zu unterschätzende psychologische Wirkung.

BEISPIEL: DIE MACHT DER FRAGEN

Viele Führungskräfte wundern sich, warum so oft nach ihren Präsentationen niemand etwas sagt und es keine Diskussion gibt. Bei genauerer Betrachtung wird der Grund dafür offensichtlich. Sie schließen eine Präsentation mit: »Gibt es noch Fragen?«. So eine geschlossene Frage versetzt das Gehirn der Mitarbeiter eher in eine Art Stand-by-Modus. Die innere Hürde, nun tatsächlich mehr als Ja oder Nein zu sagen oder etwas zu fragen, ist groß.

Wenn die Präsentation dagegen abgeschlossen wird mit: »Welche Aspekte wollen wir diskutieren?«, oder »Welche Fragen haben Sie?«, dann ist die Hürde wesentlich geringer und es kommt viel eher eine Diskussion zustande.

Sich der Wirkung der verschiedenen Fragearten bewusst zu sein, ist hilfreich für das Führen von Mitarbeitern. Sie können Fragen dann ganz zielgerichtet einsetzen. Auch hier spielt also wieder die Zielorientierung eine Rolle: Wer eine Diskussion möchte, stellt eher offene Fragen. Wer will, dass niemand mehr etwas fragt, liegt mit: »Gibt's noch Fragen?« richtig.

Es ist eine echte Kompetenz, zu entscheiden, wann welche Form der Frage zielführend ist.

Offene Fragen

Sie beginnen mit W-Fragewörtern, so zum Beispiel mit Wer, Was, Wie, Welche. Sie können nicht mit Ja oder Nein beantwortet werden.

Wirkungen: Offene Fragen lassen dem Gegenüber große Freiräume hinsichtlich des Inhalts und der Formulierung der Antwort. Sie bringen viele Informationen und können zu einem echten Dialog auf Augenhöhe führen. Sie können zum Nachdenken anregen und sind am Anfang von Gesprächen besonders nützlich, um diese in Gang zu bringen.

BEISPIELE: OFFENE FRAGEN

»Welche Erfahrungen haben Sie mit … gemacht?«, »Was meinen Sie dazu …?«, »Wie denken Sie darüber …?«, »Was ist geschehen …?«, »Wie beurteilen Sie …?«

Geschlossene Fragen

Sie beginnen meist mit einem Verb und können mit »Ja« oder »Nein« beantwortet werden.

Wirkungen: Solche Fragen bringen meist nur wenige, dafür aber eindeutige Informationen und Stellungnahmen. Sie werden als starke Lenkung erlebt und sind insbesondere dann angebracht, wenn Sie einzelne Fakten zusammentragen wollen. Sinnvoll sind sie auch am Ende von Gesprächen, um diese zusammenzufassen und abzurunden.

BEISPIELE: GESCHLOSSENE FRAGEN

»Haben Sie schon mit … gesprochen?«, »Passt es Ihnen am Freitag um 13.30 Uhr?«, »Sind Sie mit dieser Lösung einverstanden?«, »Können Sie das bestätigen?«, »Sind wir uns einig, dass … ?«

Steuerungs- und Prozessfragen

Solche Fragen lenken auf einen bestimmten Punkt hin.

Wirkungen: Sie helfen, das Gespräch auf wesentliche Inhalte zu konzentrieren bzw. zum Thema zurückzukommen. Wichtig ist das vor allem für Moderationen.

BEISPIELE: PROZESS- UND STEUERUNGSFRAGEN

»Wollen wir zuerst Punkt A besprechen?«, »Über welche Punkte sind wir uns einig?«

Skalierungsfragen

Meist werden mit solchen Fragen Zahlen und Bewertungen abgefragt.

Wirkungen: Sie helfen, Aspekte auf den Punkt zu bringen und eine klarere Einschätzung zu erhalten. Sie bringen eine größere Vergleichbarkeit, weil sie Unterschiede deutlich machen.

BEISPIELE: SKALIERUNGSFRAGEN

»In wie viel Prozent der Fälle passiert das?«, »Wie schlimm auf einer Skala von 1 bis 10 ist das Problem?«

Perspektivwechsel-Fragen

Hier wird nach einer anderen Perspektive, einem anderen Aspekt gefragt.

Wirkungen: Sie erweitern oder ändern den Blickwinkel, lenken die Gedanken in eine andere Richtung und schaffen Raum für neue Hypothesen.

BEISPIELE: PERSPEKTIVWECHSEL-FRAGEN

»Was würde der Kollege Meier dazu sagen?«, »Wie fände das unser Kunde?«, »Was wäre, wenn Lösung A nicht funktioniert?«

Verschlimmerungsfragen

Sie sind hilfreich, wenn die Gesprächspartner im Problem verhaftet sind bzw. die Frage: »Was können wir tun, um das Problem zu lösen?«, schon zu oft gestellt wurde und keine neuen Erkenntnisse mehr bringt.

BEISPIELE: VERSCHLIMMERUNGSFRAGEN

»Was können wir tun, um das Problem zu vergrößern?«

»Was können wir dafür tun, um die Konflikte mit Schnittstelle xy zu verschlimmern?«

»Was können wir dafür tun, dass der Kunde unser Produkt auf keinen Fall kauft?«

> Nicht empfehlenswert sind Suggestivfragen, mit denen Sie Ihrem Gegenüber etwas unterstellen (»Ist es nicht so, dass ...?«), und Warum-Fragen, die dem Gespräch die Anmutung eines Verhörs geben können.

Tanzschritt Nr. 3: Aktiv zuhören

Der Normalfall in unserer Kommunikation ist, dass wir aneinander vorbeireden, dass wir nicht genau das verstehen, was unser Gegenüber meint, dass wir es sofort mit unserer eigenen Interpretation vermischen. So entstehen ununterbrochen Missverständnisse. Der Grund dafür? Wir hören nicht genau hin, was der andere mit dem, was er sagt, meint. Eine weitere Ursache hierfür ist auch wieder unser Wahrnehmungsfilter (siehe hierzu näher das Kap. »Unser Unterbewusstsein spricht immer mit«), der uns aufs Glatteis führt: Wir hören das, was unser Unterbewusstes hören will.

Aktives Zuhören erhöht die Chance, dass der Empfänger wirklich auch das versteht, was der Sender sagen möchte.

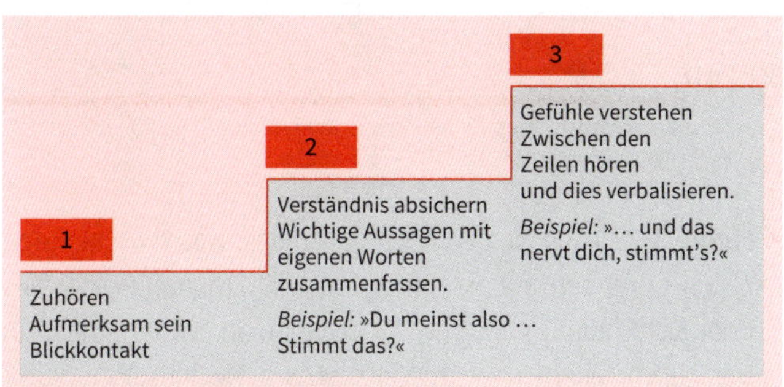

Die Ebenen des aktiven Zuhörens

- **Ebene 1:** Auf der ersten Ebene des aktiven Zuhörens geht es darum, sich ganz auf Ihr Gegenüber einzulassen, sich auf den Gesprächspartner und sein Thema zu konzentrieren und nicht an etwas anderes zu denken. Nicht an das letzte Gespräch, nicht an das nächste Meeting. Die Aufmerksamkeit ist ganz auf das JETZT gerichtet. Es gilt, einfach nur zuzuhören. Das klingt banal. Die Praxis zeigt, dass es das ganz und gar nicht ist. Es geht nicht darum, Ihre eigene Meinung zu äußern. Hören Sie einfach nur zu und seien Sie aufmerksam! Und zeigen Sie dem anderen diese Aufmerksamkeit: durch Blickkontakt, durch ein kurzes bestätigendes Nicken. Der andere sieht damit, dass Sie aufmerksam sind. Und es hilft Ihnen selbst dabei, aufmerksam zu bleiben. Auch hier ist sie wieder: die Wechselwirkung zwischen Körper und Gehirn …

- **Ebene 2:** Auf dieser Ebene geben Sie das in eigenen Worten wieder, was Sie verstanden haben. Damit melden Sie Ihrem Gegenüber zurück, was bei Ihnen angekommen ist.

BEISPIELE

»Kann ich aus Ihren Äußerungen schließen, dass …?«, »Du meinst …«, »Sie sagen also …«

- **Ebene 3:** Es kann sich anbieten, auch das, was zwischen den Zeilen bei Ihnen angekommen ist, und Emotionen, die aus Ihrer Sicht beim anderen mitschwingen, in Worte zu fassen. Das ist vor allem dann hilfreich, wenn Sie Ihre Mitarbeiter coachen oder wenn es um die Klärung von Konflikten geht.

BEISPIELE

»Ich höre heraus, dass …, und habe den Eindruck, dass dich das ganz schön nervt, stimmt das?«, »Ich habe verstanden, dass …, und es wirkt auf mich, als würde dir das Thema wirklich unter den Nägeln brennen, stimmt das?«

> Manchmal fürchten Führungskräfte, sie hätten nicht die Zeit, aktiv zu zuhören. Genau dies ist ein Trugschluss. Im Gegenteil: Sie sparen damit viel Zeit, da Missverständnisse so gar nicht erst entstehen und dadurch viel weniger Schleifen gezogen werden müssen.

Entwicklungs- und Lernchance: Feedback

Wir beobachten, dass das Wort Feedback in Organisationen sehr unterschiedlich gebraucht und verstanden wird. Als Feedback gelten in einigen Unternehmen mittlerweile nahezu jede Rückmeldung und jede Information von anderen.

BEISPIEL: FAST ALLES IST »FEEDBACK«

»Peter, kannst du mir mal Feedback geben, ob der Termin stattfindet?«, »Ich warte noch auf Feedback vom Kunden, ob wir den Auftrag ausführen sollen.«

Echtes Feedback ist etwas anderes. Wir teilen damit einer Person mit, wie wir sie und ihr Verhalten wahrnehmen, verstehen und erleben. Und deswegen ist Feedback in beruflichen Beziehungen auch ein wirksames Lerninstrument.

Die Kunst Feedback zu geben

Einem Mitarbeiter Feedback zu geben, also eine Rückmeldung dazu, wie wir ihn erleben, wo wir seine Stärken und weiteres Entwicklungspotenzial sehen, ist aus unserer Sicht eine der wichtigsten Führungskompetenzen. Bekommen wir Menschen positive Rückmeldung, aktiviert das unser Belohnungszentrum, was wiederum zur Motivations- und Leistungssteigerung führen kann.

Die Basis für gutes Feedback bildet auch hier wieder die innere Haltung. Die Kategorien falsch und richtig, unwahr und wahr gelten für Feedback nicht. Denn Sie melden dem anderen das zurück, was Sie aus Ihrer ganz persönlichen Haltung und Einstellung heraus und mit Ihrem eigenen Filter subjektiv wahrnehmen. Daher ist es hilfreich, das Feedback in sogenannte Ich-Botschaften zu kleiden, denn damit teilen Sie dem anderen Ihre ganz persönliche Wahrnehmung und Ihre Gefühle mit: »Ich erlebe dich als ...«. Damit geben wir ihm die Möglichkeit, selbst zu entscheiden, was davon er für sich annehmen möchte und was nicht.

Mit Du-Botschaften, also zum Beispiel »Du bist so …«, geben wir dagegen Tatsachen über den anderen wieder, als wüssten wir, wie der andere wirklich ist, als gäbe es doch eine Wahrheit. Damit lösen wir unweigerlich Widerstand bei unserem Gesprächspartner aus. Er fängt deswegen an, sich zu rechtfertigen und zu erklären.

Tipps für gutes Feedback

- Geben Sie zeitnah Feedback. Die Chance aus dem Feedback zu lernen ist dann höher.
- Wenn Sie Ihrem Mitarbeiter sowohl positive als auch kritische Aspekte zurückmelden wollen, ist es wichtig, mit dem Positiven zu beginnen. Wenn wir bei den kritischen Aspekten anfangen, wird der andere sich innerlich damit auseinandersetzen. Dann haben die positiven Aspekte des Feedbacks keine Chance mehr, wirklich bei ihm zu wirken. Wenn Sie also wollen, dass sowohl das Positive als auch das Kritische beim anderen ankommt, dann beginnen Sie mit dem Positiven.
- Formulieren Sie Positives auch wirklich positiv: »Frau Meier, die Ausarbeitung war wirklich ausgesprochen ausgefeilt und überzeugend. Das hat mir sehr gut gefallen …«, statt: »Das war ganz gut«, »Das war okay«, oder sogar: »Das war nicht schlecht«.
- Haben Sie den Mut, Kritisches auch kritisch zu formulieren. Lassen Sie Weichmacher wie »etwas, vielleicht, eventuell« weg. Es ist ein Trugschluss zu glauben, solche Begriffe mach-

ten das Feedback weniger hart und es sei dadurch leichter für den anderen anzunehmen. Weichmacher verwässern nur die Aussage, und die Mitarbeiter bleiben im Unklaren darüber, was genau Sie sagen möchten.

BEISPIEL

Sagen Sie: »Das hat mir nicht gefallen«, statt: »Das hat mir nicht ganz so gut gefallen. Das könnten Sie vielleicht gegebenenfalls beim nächsten Mal ein bisschen besser vorbereiten. War aber schon in Ordnung so ...«

- Verbinden Sie positive und kritische Aspekte mit »und«, nicht mit »aber«. Das Aber löscht alles Positive, das wir gerade gesagt haben.

BEISPIEL

»Mir hat die Präsentation sehr gut gefallen UND Sie werden noch überzeugender, wenn Sie die Folien anders aufbauen«, statt: »Mir hat die Präsentation sehr gut gefallen, ABER die Folien waren zu voll und nicht überzeugend«.

Die Reihenfolge

Feedback ist dann gut verständlich und wirkungsvoll, wenn Sie dabei folgende Reihenfolge beachten:

1. Wahrnehmung: »Mir ist aufgefallen, dass ...«, »Ich habe beobachtet ...«, »Ich habe festgestellt ...«
2. Wirkung: »... das wirkt auf mich ...« »das löst ... aus ...«
3. Wunsch: »... besser finde ich: ...«

Feedback bekommen

Feedback zu bekommen, ist ein Geschenk. Es gibt uns die Chance, zu lernen und uns weiterzuentwickeln, wenn andere uns mitteilen, wie unser Verhalten auf uns wirkt. Und genau das ist auch für diejenigen relevant, die agil führen wollen. Bekommen Sie Feedback, egal ob vom eigenen Vorgesetzten oder von einem Mitarbeiter, reagieren Sie am besten so:

- Hören Sie ruhig zu. Lassen Sie den anderen ausreden (siehe hierzu auch das Kap. »Tanzschritt Nr. 3: Aktiv zuhören«).
- Stellen Sie Fragen, wenn Ihnen etwas nicht klar ist (»Was genau meinst du mit ...?“).
- Rechtfertigen Sie sich nicht, sondern lassen Sie das Gehörte erst einmal in Ruhe auf sich wirken, um später für sich zu entscheiden, ob und was Sie von dem Gesagten annehmen und umsetzen wollen und was nicht.

Nicht überall, wo Feedback draufsteht, ist auch Feedback drin

Ein entscheidendes Kriterium für Feedback ist, dass es eine subjektive Rückmeldung ist und dass derjenige, der das Feedback bekommt, selbst entscheiden kann, was davon er annimmt. Beurteilungs- und Kritikgespräche sind kein Feedback – auch wenn sie häufig in Organisationen verwirrender Weise so genannt werden. Wenn ich meinem Mitarbeiter gegenüber eine klare Kritik äußere und ich eine Verhaltensänderung erwarte, dann ist das kein Feedback. Selbstverständlich ist es dann angemessen, sich zu rechtfertigen und zu erklären, falls bestimmte Rahmenbedingungen zu dieser Situation geführt haben.

Die Führungskraft als Coach

Sicherlich sind Sie als Führungskraft schon hin und wieder dem Thema Coaching begegnet. Coaching hilft uns bei der Orientierung in schwierigen Phasen und unterstützt unsere Weiterentwicklung. Doch nicht nur das: Werden die passenden Ansätze und Methoden eingesetzt, kann eine Führungskraft zum Coach ihrer Mitarbeiter werden. Vor allem beim agilen Führen bietet sich das an, um einen Führungsstil zu unterstützen, der die Selbstorganisation der Mitarbeiter fördert und immer wieder Impulse zu mehr Eigenverantwortlichkeit setzt.

Ideal für agiles Führen: der systemisch-lösungsorientierte Coaching-Ansatz

Coaching umfasst heutzutage viele verschiedene Formen der Beratung und Unterstützung. Es gibt unzählige Ansätze und Konzepte dafür. Wir beschränken uns in diesem TaschenGuide auf das systemisch-lösungsorientierte Coaching. Dabei handelt es sich um einen wissenschaftlich fundierten und auf den beruflichen Einsatz orientierten Coaching-Ansatz. Was diese Art des Coachings inhaltlich auszeichnet, steckt im Wesentlichen bereits im Namen, nämlich, dass es lösungsorientiert ist. Die Idee der Lösungsorientierung besteht in der Grundannahme, dass es für denjenigen, der gecoacht wird, wenig sinnvoll ist, sich dabei ausgiebig mit Problemkonstellationen zu beschäftigen, weil er dies bereits im Vorfeld getan hat und praktisch ein Experte ist, wenn es um seine Probleme geht. Ziel des Coachings ist es stattdessen, dem Mitarbeiter neue Sichtweisen auf mögliche Lösungen zu ermöglichen. Der Fokus liegt also nicht auf den Problemen, sondern auf den Lösungen.

Eine systemische Herangehensweise zeichnet sich dadurch aus, dass die Problem- und Lösungskonstellationen des Coachees als System begriffen werden, in dem viele Elemente in Wechselwirkung miteinander stehen. In dieser Sichtweise gelten keine einfachen Ursache-Wirkung-Ketten. Die Regeln, nach denen sich die einzelnen Teile des Systems verhalten, miteinander kommunizieren und sich immer wieder aneinander ausrichten, sind komplex und es ist wichtig, sie bei der Suche nach Lösungen zu berücksichtigen. Coaching, das auf so einem systemischen Verständnis basiert, wird durch eine Vielzahl von Methoden unterstützt, von denen wir Ihnen hier einige wesentliche vorstellen, die für das agile Führen von besonderem Interesse sind.

> Die folgende Darstellung soll das Potenzial aufzeigen, das sich durch die Anwendung der Coaching-Methoden ergibt. Sie kann natürlich die fundierte praktische Beschäftigung mit den Techniken oder gar eine Ausbildung im Coaching nicht ersetzen.

Zurückhaltung

Ziel des systemisch-lösungsorientierten Coachings ist es, dass der Mitarbeiter aus sich selbst heraus Lösungen für das Problem findet. Basis dafür ist die Annahme, dass er sein Problem selber am besten kennt und auch das nötige Wissen hat, um selbstständig auf eine Lösung hinzuarbeiten. Als Coach helfen Sie ihm lediglich dabei, das Problem aus den richtigen, also für eine Lösung hilfreichen Perspektiven zu betrachten. Eigene Lösungsvorschläge oder Tipps und Ratschläge fügen Sie hingegen nicht hinzu. Die daraus abgeleitete Grundhaltung wird Zurückhaltung genannt.

Lösungsideen, die der Mitarbeiter selbst erarbeitet hat, passen zum einen viel besser zu seinem konkreten Problem und zum anderen werden sie motivierender erlebt. Zurückhaltung beugt zudem der Gefahr vor, dass man glaubt, das Problem des Mitarbeiters verstanden zu haben, und daraus Zusammenhänge konstruiert, die so eventuell gar nicht existieren. Aus solchen vermeintlichen Kausalitäten folgen dann schnell Ratschläge, die an dem, was für den Mitarbeiter tatsächlich nützlich wäre, vorbeigehen.

Zurückhaltung in der agilen Führung: Anwendungsbeispiele

Das Team sollte die Möglichkeit haben, bestimmte inhaltliche Entscheidungen selbstständig zu treffen. Dem tragen agile Methoden wie zum Beispiel Scrum Rechnung. Dort sollen Teams gänzlich ohne Führungskraft auskommen. Allerdings sind dann aber die Verantwortlichkeiten der Führung teilweise auf andere Rollen, beispielsweise auf den Scrum Master, verteilt.

Um dem Team den nötigen Freiraum für Selbstführung einzuräumen, ist Zurückhaltung sehr wichtig. Sie sollte jedoch nicht mit mangelndem Engagement verwechselt werden. Der Kontakt zwischen Team und Führungskraft sollte sogar intensiver sein als in klassischen Strukturen. Auf jeden Fall sollten Sie genau für sich klären, bei welchen Entscheidungen Zurückhaltung zielführend ist und in welchen Momenten es darauf ankommt, das eigene Wissen in Entscheidungen einzubringen. Diese Klärung kann dem Team auch transparent gemacht werden.

Retrospektiven sollten Sie dazu nutzen, möglichst genau zu erfahren, was die Teammitglieder als schwierig erlebt haben. Auch hier bietet sich Zurückhaltung als Coaching-Technik an. Ziel dabei ist es, nichts gedanklich vorwegzunehmen und wirklich klar zu unterscheiden zwischen dem Erleben des Teams und den eigenen Wahrnehmungen. Nur so gelingt es, offen zu sein für Kritik und Verbesserungsvorschläge der anderen.

Musterunterbrechung

Unser Denken läuft in bestimmten Mustern ab. Bei Menschen, die sich mit einem Problem beschäftigen, das sie als belastend wahrnehmen, lässt sich dies gut beobachten. Sie sind dann gefangen in Gedankenkarussellen: Sie denken praktisch immer wieder das Gleiche im Kreis. Dabei engt sich das Denken auf Aspekte ein, die mit dem Problem zu tun haben. Anderes vielleicht Hilfreiches wird ausgeblendet.

Aus dem Alltag kennen wir allerdings auch Situationen, in denen alles wie von selbst zu laufen scheint und sich ein Schritt gleichsam automatisch aus dem vorhergehenden ergibt. In solchen Situationen ist das Denken eher auf Lösungen statt auf Probleme fokussiert.

Ein systemisch-lösungsorientierter Coach unterstützt seine Klienten im Finden neuer Lösungen, indem er sie von einem problem- in einen lösungsorientierten Denkzustand begleitet. Dieser gezielte Wechsel der Denkmuster wird Musterunterbrechung genannt.

Als Coach Ihrer Mitarbeiter können Sie diesen Wechsel durch ganz bewusst eingesetzte Gesprächs- und Fragetechniken, die in der Fachsprache als »Interventionen« bezeichnet werden, herbeiführen.

Musterunterbrechung in der agilen Führung: Anwendungsbeispiele

Im klassischen Umfeld werden Änderungen als Abweichungen vom Plan und damit als Störung, als etwas Negatives angesehen. Dieses Denkmuster ist sehr verbreitet. Es widerspricht dem agilen Prinzip »Veränderungen begrüßen«. Mithilfe einer gezielten Musterunterbrechung können Sie die Aufmerksamkeit Ihrer Mitarbeiter auf die Chancen lenken, die mit einer Veränderung einhergehen. Natürlich ist es wichtig, dass auch die Nachteile besprochen werden, um ihre potenziellen Auswirkungen in die neue Lösung miteinzubeziehen. Entscheidend ist aber, dass bei der Diskussion ein gezielter und von allen Beteiligten als stimmig empfundener Übergang von der Problem- zur Lösungsdiskussion stattfindet. Genau an dieser Stelle sind Musterunterbrechungen sinnvoll.

Auch bei der Selbstorganisation von Teams können Musterunterbrechungen Sinn machen. Agile Methoden wie Scrum gehen davon aus, dass ein Team gemeinsam die Verantwortung für das Erledigen bestimmter Arbeitspakete übernimmt. Dem steht das aus dem klassischen Projektmanagement stammende und meist sehr verfestigte Denkmuster entgegen, dass die Verantwortlichkeit zur Bearbeitung einer Aufgabe stets bei einem einzelnen Mitarbeiter liegt. Beim Übergang von klassischen zu agilen Arbeitsweisen führt leider oft die ungewohnte gemeinsame Verantwortung dazu, dass der eigene Anteil daran abgeschoben wird nach dem Motto: »Es wird sich schon ein anderer darum kümmern«. Dahinter stehen häufig Denkmuster wie z.B.: »Ich habe doch sowieso schon genug zu tun«, oder: »Diese Aufgabe fällt ja nicht wirklich in mein Gebiet«. All diese Muster gilt es zu erkennen und geeignet zu unterbrechen. Nicht geeignet sind hier Anweisungen, wie beispielsweise »Sie machen das jetzt aber!«, denn diese stehen im Widerspruch zur Selbstorganisation des Teams. Sinnvoller ist es, im Rahmen einer Musterunterbrechung neue, konstruktive Denkmuster anzubieten. Dazu können Sie beispielsweise zunächst kurz das Thema wechseln und gezielt nach Aufgaben fragen, bei denen die Zusammenarbeit gut läuft oder bei denen der Betreffende gut vorankommt.

BEISPIELE: LÖSUNGSFOKUSSIERTE FRAGEN

»Wer im Team ist denn am besten dazu geeignet, diese Aufgabe zu übernehmen?«, »Wie könntest du diese Person unterstützen?«, »Welche Unterstützung bräuchtest du, um die Aufgabe zu übernehmen?«

Ein Schema gibt es für solche Gespräche nicht. Je nach Situation sind unterschiedliche Musterunterbrechungen passend. Auch die Technik der Ressourcenfokussierung kann dabei helfen.

Ressourcenfokussierung

Häufig erleben sich Menschen in Problemsituationen als kaum handlungsfähig, weil ihre Wahrnehmung sich einschränkt und nahezu vollständig von den verschiedenen Aspekten des Problems dominiert wird. Dadurch erscheint das Problem umso größer und mächtiger. Gleich einem Teufelskreis schränkt dies die Wahrnehmung dann noch weiter ein. Eine Lösung für das Problem scheint damit in immer weitere Ferne zu rücken. Durch eine Fokussierung auf die eigenen Ressourcen kann diesem Phänomen entgegengesteuert werden. Je stärker jemand seine eigenen Stärken und Fähigkeiten im Blickfeld hat, desto handlungsfähiger fühlt er sich, und desto wahrscheinlicher ist es, dass er Schritte hin zu einer Problemlösung erdenken und unternehmen kann.

Ressourcenfokussierung findet im Coaching durch spezielle gezielte Interventionen des Coaches statt. Sie dienen dazu, dass ein Klient sich seine eigenen Stärken ins Bewusstsein ruft.

BEISPIELE: RESSOURCENFOKUSSIERTE FRAGEN

»Wann haben Sie ein vergleichbares Problem in der Vergangenheit erfolgreich gelöst? … Was genau haben Sie damals getan? … Wie hat es sich dann angefühlt, als Sie …?«

Ressourcenfokussierung in der agilen Führung: Anwendungsbeispiele

Ressourcenfokussierung ist sehr nützlich in der zweiten Phase einer Retrospektive, in der Verbesserungsvorschläge für die zuvor gefundenen Probleme erarbeitet werden. Sie können die Technik anwenden, um die Suche nach Lösungen zu erleichtern. Dazu können Sie die Leistungen und Kompetenzen Einzelner und des Teams hervorheben. Außerdem können Sie auf bereits erzielte Erfolge hinweisen. Es ist wichtig, dass so im Team eine positive, motivierte Haltung entsteht: »Gemeinsam schaffen wir das!«.

Auch bei der Umsetzung des agilen Prinzips »Veränderung begrüßen« spielt die Ressourcenfokussierung eine entscheidende Rolle. Bekanntlich werden Änderungen oft als Abweichungen vom Plan und damit als Störung angesehen. Lenken Sie die Aufmerksamkeit der Teammitglieder auf die Chancen, die mit einer Veränderung einhergehen. Betonen Sie die Kompetenzen, die das Team in besonderem Maße dazu befähigt, die Änderung erfolgreich zu bewältigen. Verweisen Sie dabei zum Beispiel auch auf die Erfolgsgeschichten aus der Vergangenheit oder auf das Know-how der Teammitglieder, das im Zusammenhang mit der Änderung relevant ist.

Agil moderieren

Wir erinnern uns an zwei der zentralen Aspekte des Agilen Manifests:

- Menschen und deren Zusammenarbeit sind wichtiger als Prozesse und Werkzeuge.
- Die Reaktion auf Veränderung ist wichtiger als das Befolgen eines festen Plans.

Wesentliche Voraussetzung, um diese beiden Grundsätze mit Leben zu füllen, ist eine agile Moderation. Wer agil moderiert, passt den Plan für das Meeting fortlaufend immer wieder flexibel an die Ziele des Meetings und die Bedürfnisse der Teilnehmer an. Als Moderator ist es hilfreich, Folgendes zu beherzigen:

- Sei bereit, deinen Plan umzuwerfen!
- Methoden sind ausschließlich dafür gedacht, die Ziele des Meetings zu erreichen. Sie sind kein Selbstzweck.
- Und schließlich: Es kommt meistens anders, als du denkst. Freu dich drauf – das ist die Chance zum lebendigen Gestalten!

Achten Sie in den Meetings darauf, dass

- jeder zu Wort kommt,
- jeder mithilfe von Ich-Botschaften spricht (»Meine Beobachtung ist ...«, »Mir geht es damit ...«; siehe dazu näher Kap. »Die Kunst Feedback zu geben),

- es kein Fingerpointing gibt und keine Suche nach Schuldigen,
- klar zwischen Aspekten unterschieden wird, die veränderbar sind, und solchen, die nicht zu ändern sind.

Siehe zu den Besonderheiten in der Moderation von Retrospektiven und Daily Stand-ups das Kap. »Nützliche Tools – bewährte Methoden«.

Souverän scheitern – vom Umgang mit Fehlern

In unserer Kultur neigen wir dazu, Fehler als etwas Negatives anzusehen. Und auch das Scheitern wird meist als etwas betrachtet, das man tunlichst vermeiden sollte. Gleichzeitig wissen wir jedoch alle, dass es die Fehler sind, aus denen man am meisten lernt. Viele Unternehmen versuchen daher inzwischen, eine neue Fehlerkultur zu etablieren, in der Fehler und »Niederlagen« als etwas Positives gesehen werden, nämlich als Chance zu lernen.

BEISPIEL: FEHLER ALS CHANCE

Ein als vielversprechend geltender IBM-Mitarbeiter wurde nach einem immensen Fehler in das Büro des damaligen CEO Thomas John Watson gerufen. Der Mitarbeiter eröffnete das Gespräch kleinlaut damit, dass er nun wohl gefeuert werde. Die Antwort von Watson war: »Keinesfalls, schließlich habe ich soeben 5 Millionen in Ihre Lernkurve investiert.«

Agile Techniken und Methoden unterstützen den positiven Umgang mit Fehlern. Ein Prinzip der agilen Teamarbeit sind beispielsweise »Blameless Post Mortems«: Hier wird überlegt, was schiefgelaufen ist und was das Team tun kann, damit der Fehler kein zweites Mal passiert. Die Schuldfrage wird nicht gestellt – und genau das führt dazu, dass es keine Absicherungskultur mehr geben muss.

Selbstabwertungshobbys vermeiden

Führungskräften fällt in der Etablierung einer Fehlerkultur eine besondere Vorbildfunktion zu. Es lohnt sich also, zunächst den eigenen Umgang mit Fehlern zu reflektieren: Welche Haltung haben Sie selbst dazu? Vor allem Führungskräfte haben oft die Einstellung, dass ihnen selbst Fehler nicht passieren dürfen. Unterläuft ihnen dann doch einmal ein Lapsus, geraten sie schnell in innere Monologe wie: »Mist, ich Idiot, was habe ich da wieder gemacht!« Das Schlimme daran ist: Man senkt dadurch das eigene Selbstwertgefühl. Manche Menschen treiben es mit ihren negativen inneren Monologen so weit, dass man schon beinahe von einem Selbstabwertungshobby sprechen kann.

Gehen Sie gut mit sich selbst um

Es hilft, wenn wir lernen, freundlicher zu uns selbst zu sein:

- Achten Sie beim nächsten Fehler ganz bewusst auf die Monologe, die Sie dann mit sich führen.
- Registrieren Sie – ebenfalls sehr bewusst – die körperlichen Reaktionen, die das bei Ihnen auslöst: Achten Sie auf An-

spannungen, auf ein Ziehen im Bauch etc. Atmen Sie dann ganz bewusst ein und aus und spüren Sie, wie die Spannung langsam nachlässt.

- Wandeln Sie negative Formulierungen in positive Vorhaben um. Sagen Sie beispielsweise statt »Ich Idiot …«, lieber: »Hm, das geht besser. Nächstes Mal achte ich darauf, es anders zu machen, und zwar so: …«

Ein selbstbewusster, entspannter Umgang mit kleinen Fehlern, die ohnehin zum Leben dazugehören, hat zwei Vorteile:

1. Es geht uns selbst damit besser.
2. Wir wirken auf andere souveräner, weil wir entspannter bleiben und konstruktiv wirken. Grundsätzlich folgen Menschen eher Personen, die einen souveränen Eindruck machen. Dies stärkt also auch die eigene Führungsposition.

Positiver Umgang mit Konflikten

Überall dort, wo Menschen zusammenwirken, treffen unterschiedliche Meinungen, Bedürfnisse und Interessen aufeinander. Konflikte sind unvermeidlich. Im Unternehmen sind sie z. B. zwischen Geschäftsführung und Betriebsrat oder Entwicklungs- und Produktionsabteilungen wegen unterschiedlicher Zielsetzungen, Aufgabenschwerpunkte oder Interessenlagen per se angelegt.

Konflikte sind nicht automatisch kontraproduktiv. Sie eröffnen neue Sichtweisen, bringen bisher nicht beachtete Probleme auf den Tisch und ermöglichen erst so Verbesserungen. Auch können sie zu innovativen Ideen führen und Anstoß für notwendige Veränderungen in einer Organisation sein. Es kann also nicht darum gehen, Konflikte, wo immer möglich, zu vermeiden. Vielmehr kommt es auf den richtigen Umgang mit Konfliktsituationen an. Das gilt vor allem dann, wenn es um Konflikte zwischen Teammitgliedern geht.

Agil führen – Konflikte moderieren

Bei einigen Konfliktsituationen ist es wichtig, dass Sie als Führungskraft Entscheidungen treffen und Lösungen vorgeben, so z. B. bei fachlichen Konflikten, bei denen die Beteiligten nicht das nötige Wissen haben, um selbst eine Lösung erarbeiten zu können, oder wenn einer der Konfliktpartner ganz klar im Unrecht ist. In komplexeren Situationen bzw., wenn es eher um die Beziehung der Mitarbeiter geht, ist es hilfreicher, den Konflikt zwischen den Mitarbeitern zu moderieren. Das Ziel einer Konfliktmoderation besteht darin, den Parteien zu ermöglichen, konstruktiv und klärend miteinander zu reden.

Machen Sie den Beteiligten klar, dass Sie im Gespräch als Konfliktmoderator keine Entscheidungen treffen werden, sondern es den Beteiligten selbst überlassen, über die beste Lösung zu entscheiden.

»Klassisch« führen in Konflikten	Agil führen in Konflikten als Moderator
Schnelle Lösung anstreben	Zeit lassen
Entscheiden	Nachfragen und aktiv zuhören
Lösung vorgeben	Lösung wird Konfliktparteien überlassen
Anweisungen geben	Impulse aufgreifen
Überprüfen und nachhalten	Zufriedenheit erfragen

Achten Sie als Konfliktmoderator auf folgende Punkte:

- Bereiten Sie sich gut auf das Gespräch vor.
- Achten Sie auf eine sorgfältige Klärung der Ausgangssituation und machen Sie sich ein Bild von den Hintergründen des Konflikts.
- Klären Sie Ihre Rolle als Konfliktmoderator mit den Beteiligten.
- Halten Sie die Kommunikation zwischen den Konfliktparteien in Gang.
- Lassen Sie Emotionen zu. Sie sind notwendiger Bestandteil von Konflikten.
- Bleiben Sie unabhängig und möglichst neutral. Ergreifen Sie nicht Partei für eine Seite.
- Seien Sie offen und ehrlich. Sprechen Sie die Probleme direkt an. Verhalten Sie sich im gemeinsamen Treffen nicht anders als in Einzelgesprächen mit den Konfliktparteien.

- Haben Sie Geduld. Häufig sind viele kleine Schritte in die richtige Richtung notwendig. Schnelle Lösungen gibt es meist nicht.
- Hören Sie viel aktiv zu. Stellen Sie damit sicher, dass auch die Konfliktparteien einander aufmerksam zuhören und wirklich verstehen können, was ihr Gegenüber meint.

Für ein Konfliktgespräch bietet sich das Vorgehen nach folgendem Leitfaden an. Die darin enthaltenen Schritte eignen sich übrigens auch für die konstruktive Lösung von Konflikten, die Sie selbst mit anderen haben.

Schritt		Wozu?	Psychologische Funktion
1	Mich stört ...	Den Konflikt offen ansprechen	Fördert die Bereitschaft, über Unterschiede, Bedürfnisse, Emotionen, Verletzungen zu sprechen
2	Dich stört ...	Gibt dem anderen Raum zu formulieren, was ihn stört	Siehe oben
3	Mein Ziel	Die eigenen Wünsche verbalisieren: »Ich möchte ...«	Wichtig, um aus dem eher destruktiven Beschreiben dessen, was einen stört, in einen konstruktiven Modus zu kommen, in dem sichtbar wird, wie Zielzustände aussehen können

Schritt		Wozu?	Psychologische Funktion
4	Dein Ziel	Gibt dem anderen Raum zu formulieren, was er sich wünscht	Siehe oben
5	Unsere Gemeinsamkeiten	Klären: Worin sind wir uns einig?	Ohne diesen Schritt sind keine Lösungen möglich! Die unverzichtbare Basis für tragfähige Lösungen ist es, Gemeinsamkeiten zu finden. Manchmal genügt auch schon der kleinste gemeinsame Nenner dafür.
6	Lösungsmöglichkeiten	Gemeinsam Ideen suchen, wie der Konflikt gelöst werden kann	Hier gilt es, mehrere unterschiedliche Lösungen zu finden. Häufig ist nicht die erste Idee die beste.
7	Vereinbarungen	Konkrete, detaillierte, verbindliche, möglichst messbare Festlegung der gemeinsamen Konfliktlösungsstrategie	Dieser Schritt ist erfolgsentscheidend für eine wirkliche Umsetzung der Lösungen. Wenn Sie ihn weglassen, ist die Gefahr groß, dass morgen alles so ist, wie es gestern war.
8	Zufriedenheit erfragen	Nach vereinbarter Zeit überprüfen, ob sich die Lösung in die Praxis umsetzen lässt und ob alle damit zurechtkommen	

Kürzen Sie diesen Prozess nicht ab. Widerstehen Sie zum Beispiel der Versuchung, von Schritt 2 sofort in die Lösungssuche (Schritt 6) überzugehen. Um Lösungen zu entwickeln, brauchen die Konfliktparteien psychologisch gesehen unbedingt zunächst die Formulierung des gewünschten, konstruktiven Verhaltens (Schritte 3 und 4) und insbesondere die Erfahrung, dass es Gemeinsamkeiten gibt (Schritt 5).

Auf einen Blick: Das A und O des agilen Führens

- Wir wirken nicht nur mit Worten, sondern auch mit unserer Gestik und Körperhaltung auf andere. Und nicht nur das: Wir beeinflussen mit dem, was unser Körper tut, auch unser eigenes Denken.
- Agiles Führen ist Kommunikation auf Augenhöhe. Nur so lässt sich ein Klima im Team schaffen, in dem eigenverantwortliches Arbeiten, Flexibilität und Weiterentwicklung möglich sind.
- Die Führungskraft als Coach ihrer Mitarbeiter? Auch dies ist agiles Führen. Besonders gut funktioniert es mit Instrumenten aus dem systemisch-lösungsorientierten Coaching.

Nützliche Tools – bewährte Methoden

In diesem Kapitel lernen Sie einige konkrete Werkzeuge kennen, die im Rahmen von agiler Führung nützlich sind. Darunter finden sich kleine, sofort einsetzbare Tools wie die »Stufen der Entscheidung«, und auch komplexe Methoden, wie das Prozessmodell »Scrum«.

Scrum

Im Bereich der Softwareentwicklung gibt es eine Vielzahl agiler Entwicklungsmethoden. Dabei geht man davon aus, dass eine vollständige Beschreibung des Produktes (und damit auch ein vollständiges Verständnis der Kundenwünsche) sich erst im Laufe der Entwicklung und in Zusammenarbeit mit dem Kunden ergeben kann. Der agile Prozess stellt dann sicher, dass diese Kundenwünsche strukturiert in ein Produkt überführt werden. Dabei hat sich die Methode Scrum gegenüber allen anderen agilen Methoden in der Praxis klar durchgesetzt.

Den klassischen Projektleiter sieht Scrum nicht vor. Es gibt ihn zwar in vielen Projekten, jedoch in der Regel außerhalb des Scrum Teams. Innerhalb eines solchen Teams existieren genau drei verschiedene Rollen.

Die Rollen im Scrum-Team	
Scrum Master	Ist verantwortlich für die Einhaltung des Scrum-Prozesses und unterstützt alle wichtigen Stakeholder dabei, die Auswirkungen dieses Prozesses auf ihre Arbeit zu verstehen. Wenn jemand rund um ein Scrum Team unsicher ist, wie er nun, da mit dieser Methode gearbeitet wird, eine Aufgabe zu erledigen hat, so ist der Scrum Master der richtige Ansprechpartner.
Product Owner	Ist als Fachexperte verantwortlich für die Anforderungen an das Produkt. Damit er seine Aufgabe erfolgreich erledigen kann, müssen die Teammitglieder und die gesamte Organisation seine Entscheidungen zu den Produktanforderungen respektieren.

Die Rollen im Scrum-Team	
Development Team	Ein wesentliches Merkmal des Development Teams bei Scrum ist die Selbstorganisation. Die Teammitglieder übernehmen deutlich mehr Verantwortung für den Gesamtprozess als in einem klassischen Prozess. Sie bestimmen mit, an welcher Aufgabe sie als Nächstes arbeiten, und sind auch dafür verantwortlich, dass diese im Verhältnis zu den aktuellen Aufgaben der anderen Teammitglieder sinnvoll ist.

Um Rollenkonflikte zu vermeiden, sollten der Scrum Master und der Product Owner nicht ein und dieselbe Person sein. Zwischen diesen Rollen kann es leicht zu einem Interessenkonflikt kommen, da der Scrum Master z. B. für ein striktes Einhalten von Prozessen steht und der Product Owner z. B. für die Umsetzung möglichst vieler Kundenwünsche.

Scrum und agile Führung

In der Praxis zeigt sich schnell, dass die Stärke von Scrum sich nur unter agiler Führung sinnvoll entfalten kann. Sowohl ein Scrum Master als auch ein Product Owner haben Verantwortlichkeiten, die sie immer wieder in eine Führungsposition gegenüber dem Entwicklungsteam bringen. In diesen Situationen ist entscheidend, einen Führungsstil zu zeigen, der die Selbstorganisation und Selbstverantwortlichkeit des Teams respektiert und unterstützt.

Bei der Einführung von Scrum werden die Verantwortlichkeiten der einzelnen Rollen zueinander oft nicht genügend abgegrenzt.

Das ist allerdings dringend notwendig, da Scrum scheitert, wenn die Führungsrollen (Scrum Master, Product Owner, Projektleiter, Linien-Führungskraft) und deren Verantwortlichkeiten nicht genau festgelegt sind. Wenn alle versuchen, ihre Interessen durchzusetzen, ohne die Implikationen der Selbstorganisation des Scrum Teams und die Regeln von Scrum zu beachten, funktioniert die Methode nicht. Eine ausführliche Darstellung zu Scrum finden Sie in Jörg Preußig, Agiles Projektmanagement – Agilität und Scrum im klassischen Projektumfeld, Freiburg 2018.

Persona

Unter einer Persona versteht man die Beschreibung eines bestimmten Kundentyps als fiktive Person. Damit bündelt eine Persona praktisch eine Reihe bestimmter Kundenbedürfnisse. Der Einsatz dieses Tools ist sinnvoll, wenn man ein Produkt für eine große Gruppe von Endkunden und mehrere Zielgruppen entwickelt.

Eine Persona macht es den Produktentwicklern einfacher, sich in den Kunden hineinzuversetzen. Zudem gibt sie ihnen ein prägnantes Schlagwort an die Hand, um sich im Gespräch auf bestimmte Kundenbedürfnisse zu beziehen.

BEISPIEL: PERSONA

Ein Hersteller von Reinigungsmaschinen für den Privatbereich könnte beispielsweise folgende Persona nutzen: Herr Borsig ist verheiratet und hat zwei Kinder. Er arbeitet als technischer Zeichner im städtischen Bauamt. Er hat ein Einfamilienhaus mit Carport und gepflasterter Einfahrt. In seiner Freizeit widmet er sich der Restaurierung von Oldtimern.

In der Praxis kann für eine Persona schnell eine ganze DIN-A4-Seite zusammenkommen, damit in den Projekten ein möglichst plastisches, reales Bild der fiktiven Person entsteht.

Der Einsatz von Persona in einem Projekt ist ein wirklich gutes Mittel, um die Empathie der Produktentwickler für die Kunden zu erhöhen.

Task Board: Übersicht über aktuelle Aufgaben

Task Boards dienen der Visualisierung der aktuellen Aufgaben eines Teams. In der einfachsten Form ist ein Task Board eine Wand oder eine Tafel, an die einzelne Zettel geheftet sind. Auf jedem Zettel steht eine Aufgabe, die für das Projekt erledigt werden muss. Diese Zettel werden dabei in mehrere Kategorien unterteilt. Die grundlegendsten Kategorien sind »To do« (also »zu erledigen«), »In work« (»in Arbeit«) und »Done« (»erledigt«). Entweder der Projektleiter oder noch besser die Teammitglieder, die für die jeweilige Aufgabe zuständig sind, aktualisieren das Task Board, indem sie z.B. den entsprechenden Zettel von »To do« nach »In work« umhängen, wenn sie eine neue Aufgabe beginnen. So wird der aktuelle Arbeitsstand für alle sichtbar.

Ein Task Board hat wichtige Funktionen, vor allem was die Dynamik und Kommunikation im Team betrifft. So finden beispielsweise Daily Stand-up Meetings (vgl. das gleichnamige Kapitel) mit Blick auf das Task Board statt und jeder kann jederzeit sehen, wer gerade an welcher Aufgabe arbeitet, natürlich auch derjenige, der das Team führt. Die Task Boards des Teams sind aber eigentlich nicht dafür gedacht, dem Vorgesetzten Auskunft über den Arbeitsstand zu geben, sondern um die Selbstorganisation zu fördern. Führungskräfte eines selbstorganisierten Temas sollten sich den Arbeitsstand lieber vom Team berichten lassen, als ihn selber aus dem Task Board abzuleiten.

Daily Stand-up Meetings

Ein typisches Phänomen im Arbeitsalltag sind ineffiziente Meetings. Funktionierende Daily Stand-up Meetings sind ein hervorragendes Instrument, um sich effektiv zu besprechen. Das sind kurze Tagesbesprechungen im Stehen. Die Betonung liegt hier auf »kurz« und »im Stehen«. Die Durchführung der Besprechung im Stehen sorgt für eine höhere Dynamik, da die Teilnehmer schon rein physisch in Bewegung bleiben. Auch steht niemand gerne allzu lange, was dazu beiträgt, das Treffen auf eine kurze Zeitspanne zu begrenzen. Die Kürze des Meetings ist enorm wichtig, damit nur die wesentlichen Informationen ausgetauscht werden und die Teilnehmer die Besprechung als produktiv erleben. All dies steigert die Wahrscheinlichkeit, dass die Beteiligten gerne zu den Besprechungen kommen. Nur dann können sie sich auch auf Dauer etablieren. Mit Daily Stand-up Meetings werden Kommunikation und Informationsfluss zwischen den Beteiligten unterstützt.

Die Agenda eines Daily Stand-up Meetings sollte klar strukturiert sein. Idealerweise gehen alle Teilnehmer reihum auf die folgenden Fragen ein:

1. Wie bin ich gestern mit meiner Arbeit vorangekommen?
2. Welche Arbeitspakete liegen für heute an?
3. Welche Hindernisse gibt es für mich aktuell, die der Erledigung dieser Arbeiten entgegenstehen?

Für die Beantwortung dieser drei Fragen hat jeder ca. 2 Minuten Zeit. In der Regel werden die Teilnehmer dabei nur gelegentlich Hindernisse nennen. Falls das geschieht, so ist es die Aufgabe des Moderators – im Regelfall sind das Sie als Führungskraft –, eine Lösung für das Problem vorzuschlagen. Ziel ist es, dass jeder Teilnehmer nach dem Meeting für den Tag arbeitsfähig ist.

> Häufig werden Stand-up-Meetings im klassischen Umfeld so eingesetzt, dass sie mehr den Charakter von Mikro-Management haben. Diese Gefahr besteht insbesondere dann, wenn Tagesbesprechungen vom Chef als »Feuerwehreinsatz« genutzt werden, weil ein Projekt in Schieflage geraten ist. Daily Stand-ups dienen nicht der Kontrolle, sondern dem Austausch der Teilnehmer untereinander.

In manchen Teams gelten Disziplinierungsregeln, damit sich alle an die maximale Redezeit halten, so z. B. Stoppschilder, die dann vom Moderator hochgehalten werden. Solche »Strafmethoden« sind jedoch nur schlecht mit der agilen Haltung zu vereinbaren. Die agilen Prinzipien gehen von einem positiven Menschenbild aus. Insofern ist es viel passender, wenn die Disziplin im Daily Stand-up über eine positive Feedbackschleife etabliert wird. Dazu gibt es im Bereich der Moderation viele gute Methoden (siehe hierzu das Kap. »Agil moderieren«).

Retrospektiven

Teams sollten sich regelmäßig mit der Fragestellung auseinandersetzen, wie gut die Kooperation im Team funktioniert und wo eine effektive Zusammenarbeit noch gesteigert werden kann. Ziel einer solchen Retrospektive ist es, ganz konkrete Verbesserungen für die Zusammenarbeit und den Arbeitsprozess abzuleiten. Die Retrospektiven sollten nicht mit den klassischen Lessons Learned verwechselt werden.

Retrospektiven und Lessons Learned: die Unterschiede
Retrospektiven
▪ Sie finden während des Projektes statt. ▪ Verbesserungen werden im aktuellen Projekt umgesetzt. ▪ Es gibt nur Diskussionen auf Prozessebene.
Lessons Learned
▪ Sie finden am Ende des Projektes statt. ▪ Verbesserungen werden für kommende Projekte geplant. ▪ Oft gibt es Diskussionen auf Prozess- und Produktebene.

Struktur einer Retrospektive

Eine gute Strukturierung der Retrospektiven ist wichtig, damit alle motiviert dabei sind und es auch bleiben. Eine typische Agenda für eine Retrospektive sieht wie folgt aus:

1. Sammeln der Verbesserungsvorschläge
2. Kurze Diskussion und Ergänzung aller Vorschläge

3. Priorisierung der Verbesserungsvorschläge
4. Auswahl der umzusetzenden Vorschläge
5. Verteilung der konkreten Aufgaben und Verantwortlichkeiten: Wer macht was bis wann?

Der Schwerpunkt einer Retrospektive sollte auf einer Lösungsorientierung liegen. Dazu sind typische Fragen aus dem systemischen Coaching hilfreich wie z. B.: »Was hat in der letzten Iteration an unserer Kooperation besonders gut funktioniert, und wie können wir das vielleicht sogar noch verstärken?« (siehe hierzu das Kap. »Die Führungskraft als Coach«).

Es ist wichtig, in die Retrospektiven auch die persönliche Ebene miteinzubeziehen. Da das Arbeiten in selbstorganisierten Teams auf einer guten Kommunikation im Team basiert, die nachhaltig nur funktioniert, wenn es keine Konflikte zwischen den Teammitgliedern gibt, sollten auf dieser Ebene Reibungsverluste ausgeräumt werden. Eine Reflexion der persönlichen Ebene ist für manche Teams ungleich schwieriger als eine Beschäftigung mit der Sachebene. Daher ist hier eine positive Grundatmosphäre wichtig. »Fingerpointing« und Schuldzuweisungen sollten deshalb unbedingt vermieden werden. Eine gängige Methode, um eine positive Basis zu schaffen, ist es, die Teilnehmer zunächst die Stärken der anderen sammeln zu lassen. Dazu können Sie Arbeitsfragen nutzen wie z. B.: »Schreibe für jeden Teilnehmer eine Sache auf, die er aus deiner Sicht in der letzten Iteration besonders gut gemacht hat.« Noch mehr Praxistipps zu Retrospektiven finden Sie unter https://mybookplus.de/, Buchcode TGA-HL12, in der Rubrik »Management«.

Timeboxing

Timeboxing ist eine sehr grundsätzliche Technik des Agilen. Der wesentliche Gedanke dabei ist: Wenn bei einer Aufgabe die Zeit nicht ausreicht, so wird der Umfang möglichst sinnvoll reduziert, damit der Zeitrahmen eingehalten werden kann.

Das strikte Einhalten vorgegebener Termine ist also bei der agilen Vorgehensweise besonders wichtig. Es findet durchgehend Anwendung, im Kleinen wie im Großen. So werden Zeiten für Besprechungen, wie z. B. das Daily Stand-up, vorher festgelegt und dann strikt eingehalten. Auch der Zeitplan für die Auslieferung von Teilergebnissen wird im Vorfeld mit den Stakeholdern besprochen und anschließend akribisch umgesetzt. Alle Aufgaben bzw. Vorgänge erhalten also einen festen Zeitrahmen, eine sogenannte Timebox. Eine wesentliche Idee dabei ist es, die Effizienz zu erhöhen: Werden die für die Timebox geplanten Inhalte nicht in der vorgegebenen Zeit realisiert, werden sie gestrichen oder in eine neue Timebox verschoben.

Das hier beschriebene Timeboxing setzt auf der Teamebene an. Tatsächlich ist das Arbeiten mit festen Zeitfenstern und die entsprechende Organisation der eigenen Aufgaben jedoch auch eine sehr nützliche Methode, um sich selbst zu strukturieren. Auch hier fällt Führungskräften eine besondere Vorbildfunktion zu.

Die Stufen der Entscheidung

Dieses Modell schafft Transparenz darüber, welche Einflussnahmemöglichkeiten bestehen. Mit ihm lässt sich herausarbeiten, was schon entschieden ist oder von anderer Stelle entschieden wird und was autonom von den Mitarbeitern bzw. dem Team entschieden oder diskutiert werden kann. Es hilft Führungskräften zum einen zur eigenen Klärung und Vorbereitung von Meetings und zum anderen zur Orientierung in den Meetings (Was haben wir schon entschieden? Worüber diskutieren wir jetzt?).

Stufe	Ich habe entschieden/ es wurde entschieden …	… wir können diskutieren …
1	nichts	**ob** etwas getan werden soll
2	**dass** etwas getan werden soll	**was** getan werden soll
3	**was** getan werden soll	**wie** es gemacht werden soll
4	was und wie es gemacht werden soll	wer, mit wem, bis wann …
5	alles	Ich möchte euch **informieren** und mit euch darüber diskutieren, was die Entscheidung für euch bedeutet.

Die Stufen der Entscheidung

Eine sehr gute Ergänzung zu den Stufen der Entscheidung ist das von Jurgen Appelo entwickelte Tool »Delegation Poker«, das mit Karten gespielt werden kann. Es zeigt auf spielerische Weise, dass Delegieren ein Verhandlungsprozess ist, bei dem es darum geht herauszufinden, wie viel Verantwortung einem Mitarbeiter bzw. einem Team übertragen werden kann bzw. darf.

Stichwortverzeichnis

Impressum

Bibliografische Information der Deutschen Nationalbibliothek
Die Deutsche Nationalbibliothek verzeichnet diese Publikation in der Deutschen Nationalbibliografie; detaillierte bibliografische Daten sind im Internet über http://www.dnb.dnb.de abrufbar.

Print: ISBN: 978-3-648-17316-9 Bestell-Nr.: 10749-0002
ePub: ISBN: 978-3-648-17318-3 Bestell-Nr.: 10749-0101
ePDF: ISBN: 978-3-648-17317-6 Bestell-Nr.: 10749-0151

Dr. Jörg Preußig, Silke Sichart
Agiles Führen – Aktuelle Methoden für moderne Führungskräfte
2. Auflage 2023

www.haufe.de
info@haufe.de
Redaktion: Jürgen Fischer

Konzeption, Realisation und Lektorat: Nicole Jähnichen, www.textundwerk.de
Bildnachweis (Cover): GVS/Adobe Stock

Literatur und Quellen

Bauer, Joachim: Arbeit. Warum unser Glück von ihr abhängt und wie sie uns krank macht, München 2015.

Bergmann, Frithjof: Neue Arbeit. Neue Kultur. Freiamt, Arbor 2004.

Dweck, Carol S.: Mindset. The New Psychology of Success, New York 2006.

Faschingbauer, Michael: Effectuation. Wie erfolgreiche Unternehmer denken, entscheiden und handeln. Stuttgart 2017.

Greenleaf, Robert: Servant Leadership – A journey into the nature of legitimate power and greatness. Chicago 2002.

Häusling, André (Hrsg.): Agile Organisationen. Freiburg, München, Stuttgart 2018.

Hofert, Svenja: Agiler führen, Heidelberg 2016.

Laloux, Frederic: Reinventing Organizations. München 2015.

Sinek, Simon, Start with Why: How Great Leaders Inspire Everyone to Take Action. London 2009.

Storch, Maja: Embodied communication, Bern 2014.

Rock, David: SCARF Model:
https://www.youtube.com/watch?v=isiSOeMVJQk

Die Autoren

Silke Sichart

arbeitet seit 2004 als Beraterin, Trainerin und Coach mit dem Schwerpunkt Führungskräfteentwicklung. Davor war sie in internationalen Konzernen und in mittelständischen Firmen als Personal- und Organisationsentwicklerin tätig. Sie ist systemische Beraterin, zertifiziert für verschiedene Persönlichkeitsinventare und macht derzeit, ihrem großen Interesse an Erkenntnissen der Hirnforschung folgend, einen Master in Neuroscience. Mehr über Silke Sichart erfahren Sie unter: www.plan-a-consulting.de und www.campus-b.com.

Dr. Jörg Preußig

ist seit 2010 Trainer und Berater mit den Schwerpunkten Agilität und Kommunikation. Davor war er als Diplom-Informatiker viele Jahre in IT-Projekten tätig. Er verfügt über zahlreiche Zusatzqualifikationen, ist z. B. zertifizierter systemischer Coach, Mediator und Improvisationsschauspieler. Außerdem ist er Autor mehrerer Fachbücher zu den Themen Agiles Projektmanagement und Improvisation. Seine Passion ist die praxisnahe und lebendige Gestaltung von Seminaren. Mehr über Jörg Preußig erfahren Sie unter www.preussig-seminare.de.

Jörg Preußig und Silke Sichart arbeiten seit vielen Jahren zusammen.